AF337128

ÉMILE VIAL

LA VIE

DANS LE

MONDE RÉEL

ROLE DU FER DANS L'ORGANISATION

PARIS

G. MASSON, ÉDITEUR

120, BOULEVARD SAINT-GERMAIN, 120

1891

LA

VIE DANS LE MONDE RÉEL

ÉMILE VIAL

LA VIE

DANS LE

MONDE RÉEL

—

ROLE DU FER DANS L'ORGANISATION

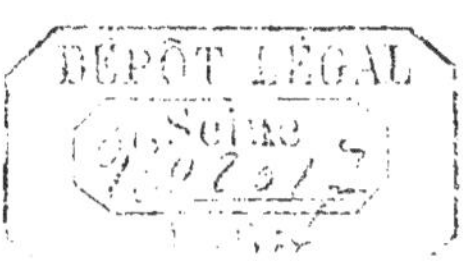

PARIS

G. MASSON, ÉDITEUR

120, BOULEVARD SAINT-GERMAIN, 120

—

1891

TABLE DES MATIÈRES

AVIS DE L'ÉDITEUR

L'auteur s'est proposé, en écrivant ce livre, de démontrer — contrairement à l'opinion de nombreux Chimistes, et notamment de l'illustre et regretté Dumas — que, dans l'étude des phénomènes vitaux, la Chimie peut fournir de précieux moyens d'investigation ; en montrant que chez les animaux et chez les végétaux, les fonctions les plus opposées sont toujours régies par les réactions d'un principe unique et que dans l'organisation, en définitive, tout s'acquiert et se dissocie par le fait de ces réactions.

Le médecin, qui cherche à découvrir dans les lois de l'Histologie les origines pathologiques, appréciera par quel enchaînement de déductions simples, en ne prenant d'autre guide que la Chimie, l'auteur est amené à des conclusions moins désespérantes que celles qui se trouvent inscrites, depuis longtemps, dans les publications relatives à la Phthisie.

La Vie dans le Monde réel, qui se présente dans les meilleures conditions d'actualité, n'est cependant — en ce qui concerne l'étude de la Phthisie et du Rôle biologique du Fer dans notre organisme — que le développement d'un premier Mémoire couronné au Concours Brassac, sur le Rapport de M. Lefranc, qui, le 15 avril 1884, dans l'Assemblée annuelle des Pharmaciens, à la Pharmacie Centrale de France, interprétait dans les termes suivants l'opinion de la Commission :

« *La séance de ce jour marquera dans les Annales de la Pharmacie Centrale de France. Le Concours de 1883 a revêtu une importance qu'il n'avait jamais eue. Des questions scientifiques de la plus haute portée ont été soulevées.*

L'importance de ce Mémoire n'échappera à personne. Il jette un nouveau jour sur une maladie qui fait, hélas! de nombreuses victimes, parce qu'elle est un sujet d'épouvante, qu'elle est mal connue et traitée contre le bon sens.

Nous avons rarement vu une étude mieux raisonnée et aussi complète sur le rôle du Fer dans l'organisme et dans les phénomènes de la Vie. Que n'ai-je le temps de vous initier aux considérations que l'auteur présente, sous un jour nouveau, sur l'état chimique et le rôle biologique du Fer dans les hématies; sur la nature du Fluide Vital; sur la nature et l'origine de l'Electricité, qui détermine les mouvements automatiques du Cœur; sur l'individualisation du Système Cérébro-Spinal; sur les causes de la disparition des animaux primitifs et des modifications graduelles des espèces et sur les conditions nécessaires à l'existence des animaux actuels! Curieuse histoire que nous ne pouvons qu'indiquer ici... »

En présence d'un jugement si approbatif, nous devons regretter que l'auteur ait laissé, pendant si longtemps, sommeiller son œuvre, et qu'il n'ait songé à la publier que le jour où, des travaux chimiques très importants l'ayant orienté vers une autre carrière, il lui est permis de la présenter comme un dernier hommage à sa profession.

ROLE BIOLOGIQUE
DU FER
CHEZ LES VÉGÉTAUX

I

FIXATION DE L'AZOTE DE L'ATMOSPHÈRE

AFFINITÉ DU FER POUR L'AZOTE

Thénard fut le premier, croyons-nous, qui eut l'intuition de la mission caractéristique du Fer et de son importance biologique, lorsqu'il émit l'opinion que les Azotates, assimilés par les végétaux, doivent être produits par l'oxydation des détritus azotés, dont le Peroxyde de Fer effectue constamment la décomposition.

Chacun sait que tous les terrains plus ou moins rougeâtres doivent, en effet, leur coloration au Peroxyde ou Sesqui-oxyde de fer; autrement dit à du fer complètement transformé en *Rouille.*

Or, de même que la rouille, quand elle imprègne nos vêtements, ne tarde pas à brûler, c'est-à-dire à désorganiser par oxydation, la partie du tissu en contact avec elle; de même le Peroxyde de fer, qui rougit les terres arables, cède une part de son oxygène aux détritus azotés, et les change ainsi partiellement en Azotates solubles, qui vont se transformer, dans la sève des végétaux, en divers éléments d'organisation; pendant que le Fer, en partie désoxygéné, revient, sous l'influence de l'air, à son premier état de Sesqui-oxyde, et devient ainsi propre à effectuer de nouvelles oxydations.

Telle est la théorie proposée par Thénard; théorie qui représente bien, par un certain côté, la réalité même du phénomène, mais qui est loin encore, ainsi qu'on le verra, de faire pressentir toute l'étendue du rôle physiologique du Fer dans l'organisation.

De nombreuses expériences ont établi que la quantité d'Azote fixé dans une récolte est toujours très supérieure à celle que les plantes ont pu puiser dans les détritus et dans les engrais, qui ont réellement concouru à leur production.

On a donc reconnu que les végétaux empruntent une partie de l'Azote à l'atmosphère même; mais, comme, d'autre part, il a été constaté que cet élément ne peut être absorbé, à l'état de gaz, ni par les tiges, ni par les racines, ni par les feuilles, on se demande encore actuellement quelle peut être l'affinité qui préside à sa fixation.

·Un de nos plus éminents Chimistes a pu déduire de ses observations que l'Azote de l'air est transmis aux plantes par des microbes.

L'autorité de l'Auteur donne une très grande valeur à cette théorie; mais il est cependant permis de faire remarquer que la fixation, dans le sol, de l'Azote de l'atmosphère, peut également s'expliquer par les réactions bien connues du Fer; et qu'il ne faut, pour qu'elle se produise, qu'une terre poreuse et un peu humide, contenant des matières mortifiées végétales ou animales, azotées ou non azotées, mais suffisamment oxydables, dans tous les cas, pour réduire le Peroxyde et servir en quelque sorte d'amorce à ses réactions.

C'est un fait, en effet, depuis longtemps connu que l'Azote et l'Oxygène de l'air peuvent se combiner sous la seule influence d'une matière très oxydable, disséminée dans un corps poreux.

Ainsi, d'après les observations de M. Cloëz, lorsqu'on fait circuler lentement de l'air, pendant un certain temps, dans des flacons remplis de divers corps poreux, imprégnés d'une dissolution aqueuse de Carbonate, on constate qu'il se forme toujours un composé nitreux, si l'on fait passer l'air sur des fragments de briques; tandis qu'avec le biscuit de porcelaine ou la pierreponce cet effet ne se produit pas.

D'ailleurs, tous les maçons, qui ont construit des murs avec de vieilles briques, précédemment exposées à l'humidité, savent quelle quantité de Nitre cristallisé la dessiccation fait sortir de leur intérieur, à l'état de *mousse*.

Il est vrai que le Peroxyde de fer, qui constitue l'élément ferrugineux de la brique, est loin de pouvoir être considéré comme une matière très oxydable, dès lors que c'est lui qui oxyde, tout au contraire, les autres corps; mais nous venons de voir, par la théorie de Thénard, qu'il suffit du contact d'un corps réducteur, autrement dit d'une trace de détritus, pour le ramener à l'état ferreux, et le rendre par suite oxydable au plus haut degré.

L'affinité du Fer pour l'Azote libre, et même pour l'Azote engagé dans certaines combinaisons, — affinité trop peu remarquée jusqu'ici, parce qu'on n'en soupçonnait pas toute l'importance, — est assurément une des mieux caractérisées que l'étude de la Chimie puisse nous offrir.

C'est en vertu de cette affinité, que le Fer métallique très divisé absorbe environ 2 0/0 d'Azote;

Que l'Acier renferme toujours du Carbazoture de fer (*Frémy*);

Que le fer, exposé au rouge au contact du gaz ammoniacal, augmente de 12 à 13 0/0 de son poids;

Que l'Oxyde ferrique, le Chlorure ferrique, le Chlorure ferreux, etc., se combinent aussi avec ce dernier gaz, pour former des Azotures, des Ammoniures ou des Sels doubles;

Que le Fluorure, le Sulfocarbonate, tous les Sulfures de fer et tous les Sels ferreux en dissolution, absorbent le Bioxyde d'Azote avec une extrême facilité.

Mais de tous les exemples qu'on peut citer, le plus intéressant et le plus connu est encore celui qui nous est fourni par les Oxydes mêmes. Car aucun Chimiste n'ignore qu'on ne peut pas exposer à l'air du Protoxyde de fer hydraté, sans que, pendant sa peroxydation spontanée, il y ait dégagement d'Hydrogène et fixation d'Azote.

Cette particularité, à laquelle Thénard n'avait pas pensé, est d'autant plus importante à enregistrer, qu'elle permet déjà de baser expérimentalement notre théorie sur le simple exposé d'une réaction, qui n'avait pu encore être formulée; et cela, non seulement à cause de l'embarrassante complexité de ses résultats, mais parce qu'elle se compose en réalité, ainsi qu'on peut le voir par les équations ci-après, d'un ensemble de réactions, qui se succèdent rapidement et en quelque sorte se superposent :

$$\underbrace{6(FeO,H^2O)}_{\text{Protoxyde.}} + \underbrace{O^2}_{\substack{\text{Oxy-}\\\text{gène.}}} = \underbrace{2(Fe^3O^4,H^2O)}_{\substack{\text{Oxyde}\\\text{intermédiaire.}}} + \underbrace{4H^2O}_{\text{Eau.}}$$

$$\underbrace{4H^2O}_{\text{Eau.}} + \underbrace{2(Fe^3O^4,H^2O)}_{\substack{\text{Oxyde}\\\text{intermédiaire.}}} + \underbrace{Az^2}_{\text{Azote.}} = \underbrace{6(FeO,H^2O)}_{\text{Protoxyde.}} + \underbrace{Az^2O^2}_{\substack{\text{Bioxyde}\\\text{d'azote.}}}$$

$$\underbrace{6(FeO,H^2O)}_{\text{Protoxyde.}} + \underbrace{Az^2O^2}_{\substack{\text{Bioxyde}\\\text{d'azote.}}} = \underbrace{2(Fe^3O^4,H^2O)}_{\substack{\text{Oxyde}\\\text{intermédiaire.}}} + \underbrace{H^2O}_{\text{Eau.}} \left\{ \underbrace{Az(AzH^4)O^3}_{\substack{\text{Azotate}\\\text{d'ammoniaque.}}} + \underbrace{H^2}_{\substack{\text{Hydro-}\\\text{gène.}}} \right.$$

PRODUITS ULTIMES

$$\underbrace{H^2O}_{\text{Eau.}} + \underbrace{2(Fe^3O^4,H^2O)}_{\substack{\text{Oxyde}\\\text{intermédiaire.}}} + \underbrace{O}_{\substack{\text{Oxy-}\\\text{gène.}}} = \ldots\ldots\ldots \left| \underbrace{(F^2O^3,H^2O)}_{\text{Peroxyde de fer.}} \right.$$

On voit que, dans cette série de réactions subtiles, c'est l'eau qui, par sa décomposition spontanée, joue en définitive le plus grand rôle.

Il est vrai que la formation du composé nitreux ne se révèle ici que par l'analyse ; mais on peut, sans grands frais, s'en rendre spectateur, en projetant de la limaille de fer dans un vase dont les parois ont été mouillées, préalablement, avec une solution d'Ammoniaque très concentrée. Le réveil des affinités, dans cette atmosphère, transformera bientôt l'Azote oxydé en Azotite d'Ammoniaque, qui flottera, sous la forme de vapeur blanche, dans l'intérieur du récipient.

FORMATION DE LA ROUILLE

Partout on voit le Fer se rouiller au contact de l'eau ; et l'on a quelque peine à croire au premier abord que la Chimie, qui a fait de si grands progrès et résolu tant d'obscurs problèmes, ne soit pas complètement parvenue à analyser et à définir un phénomène aussi simple et aussi banal.

Certes, la Chimie sait fort bien que le Fer décompose l'eau, pour s'emparer de son Oxygène, et que, de même que dans la réaction ci-dessus, l'oxydation dégage de l'Hydrogène et détermine l'apparition d'un composé nitreux.

Mais c'est précisément la naissance de ce dernier, qui déroute les équations et les conjectures ; et comme, en définitive, on trouve toujours dans ce composé tous les éléments de l'Ammoniaque, on se contente de supposer que l'Hydrogène, fourni par l'eau, s'unit à l'Azote ambiant pour former de l'Ammoniaque.

Il est vrai qu'on oublie de considérer, en disant cela, qu'il existe aussi dans ce composé de l'Azote oxydé, qui a dû s'engendrer de façon ou d'autre ; et de plus, que l'Hydrogène et l'Azote libres ne peuvent être mis en combinaison que par l'étincelle électrique ou par une température très élevée.

Si, lorsque nous voyons se rouiller un morceau de Fer, nous voulons connaître ce qui se passe, nous devons tout d'abord considérer ceci :

1° Qu'il y a disparition graduelle du Fer et accumulation parallèle de Peroxyde ;

2° Que l'Azote de l'air n'est fixé que pendant la durée de cette disparition ; et que, par conséquent, ce n'est pas le Peroxyde de fer, sans affinité d'ailleurs pour l'Azote libre, qui peut intervenir pour cette fixation ;

3° Enfin, que dans les cas où les équivalents du Protoxyde de fer se trouveront en nombre voulu pour se transformer intégralement en Oxyde intermédiaire et en Peroxyde, cette transformation aura toujours lieu, mais sans que de l'Azote ait été fixé ;

puisque alors l'Oxygène intervient exclusivement pour produire le Peroxyde.

Cela posé, il n'est nullement difficile d'établir l'ensemble des réactions par lesquelles les éléments en présence doivent passer pour former la Rouille. Il suffit pour cela de prendre en considération le métal et l'eau, qui interviennent continuellement dans la réaction, et de suivre le résultat de leur intervention, ainsi que nous le montrent graphiquement les équations suivantes :

$$(Fe + 2H^2O) = FeO,H^2O + H^2$$

$$FeO,H^2O + (Fe + 2H^2O) = 2(FeO,H^2O) + H^2$$

$$O + 2(FeO,H^2O) + (Fe + 2H^2O) = Fe^3O^4,H^2O + H^2 + H^2O$$

$$3H^2O + Az^2 + Fe^3O^4,H^2O + (Fe + 2H^2O) = 4(FeO,H^2O) \quad » \quad » + \underset{\text{(Azotite d'am.)}}{Az(AzH^4)O^2}$$

$$O^2 + 4(FeO,H^2O) + (Fe + 2H^2O) = Fe^3O^4,H^2O + H^2 + H^2O + \underset{\text{(Rouille)}}{Fe^2O^3,3H^2O}$$

$$2H^2O + Az(AzH^4)O^2 + Fe^3O^4,H^2O + (Fe + 2H^2O) = 4(FeO,H^2O) + H^2 \quad » + \underset{\text{(Azotate d'am.)}}{Az(AzH^4)O^3}$$

$$O^2 + 4(FeO,H^2O) + (Fe + 2H^2O) = Fe^3O^4,H^2O + H^2 + H^2O + \underset{\text{(Rouille).}}{Fe^2O^3,3H^2O}$$

Et toujours de même, en recommençant chaque fois par la quatrième équation, jusqu'au moment où la dernière molécule d'Oxyde intermédiaire, se trouvant en présence de la dernière molécule de Fer métal, formera la dernière parcelle de Rouille, en vertu de la réaction :

$$3H^2O + O^2 + Fe^3O^4,H^2O + (Fe + 2H^2O) = 2(Fe^2O^3,3H^2O) \; \textit{Rouille.}$$

Tout cela veut dire, en définitive, que le Fer, exposé à l'humidité, se désagrège et se peroxyde spontanément, en fixant l'Azote, par l'effet d'une réaction qui peut chimiquement s'exprimer ainsi :

$$\underset{\text{Fer.}}{8Fe} + \underset{\text{Eau.}}{20H^2O} + \underset{\text{Oxygène.}}{O^7} + \underset{\text{Azote.}}{Az^2} = \underset{\text{Peroxyde de fer.}}{4(Fe^2O^3,3H^2O)} + \underset{\text{Azotate d'ammoniaque.}}{Az(AzH^4)O^3} + \underset{\text{Hydrogène.}}{H^{12}}$$

C'est en vertu de cette réaction que, dès les premiers âges géologiques, après la formation spontanée de l'eau, le Fer s'oxyda progressivement, en fixant sur la terre rougie par lui — comme l'est actuellement la planète Mars — l'élément azoté, dans lequel apparurent bientôt les premières Monades, ces humbles corpuscules organisés que l'isolement personnalisa.

DÉCOMPOSITION DES DÉTRITUS
FORMATION DU PROTOPLASMA ET DE L'ASPARAGINE

Nous venons de voir, que dans la formation de la Rouille, la fixation de l'Azote de l'air s'effectue par le fait de l'oxydation du métal lui-même. Mais dans la terre arable, où le Fer métallique n'existe plus, on conçoit que l'élément ferrugineux de l'argile resterait complètement inactif, s'il n'était ramené à l'état ferreux, et par conséquent mis en réaction, par l'action réductrice des détritus.

Les matières organiques mortifiées, n'éprouvent aucune affinité pour l'Azote libre, et elles n'interviennent pas plus dans sa fixation que le Fer n'intervient par ses molécules inoxydées. Elles ne sont, à proprement parler, que le combustible, qui met le système chimique en fonctionnement; et ce qui est digne de remarque, c'est que, aussi longtemps que la molécule organique peut fournir en se comburant de l'Acide carbonique et de l'eau, sa destruction s'effectue, sans qu'il y ait fixation d'Azote.

Comburation des détritus.

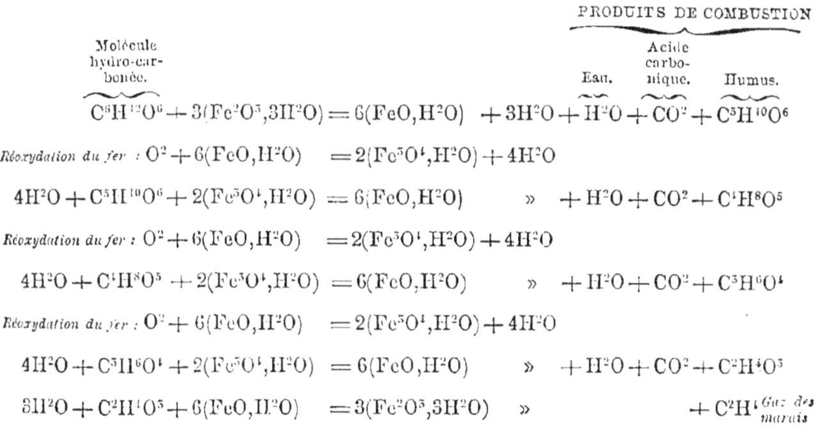

$$\overbrace{C^6H^{12}O^6} + 3(Fe^2O^3,3H^2O) = 6(FeO,H^2O) \; + 3H^2O + \overbrace{H^2O} + \overbrace{CO^2} + \overbrace{C^5H^{10}O^6}$$

Réoxydation du fer : $O^2 + 6(FeO,H^2O) = 2(Fe^3O^4,H^2O) + 4H^2O$

$4H^2O + C^5H^{10}O^6 + 2(Fe^3O^4,H^2O) = 6(FeO,H^2O) \qquad » \quad + H^2O + CO^2 + C^4H^8O^5$

Réoxydation du fer : $O^2 + 6(FeO,H^2O) = 2(Fe^3O^4,H^2O) + 4H^2O$

$4H^2O + C^4H^8O^5 + 2(Fe^3O^4,H^2O) = 6(FeO,H^2O) \qquad » \quad + H^2O + CO^2 + C^3H^6O^4$

Réoxydation du fer : $O^2 + 6(FeO,H^2O) = 2(Fe^3O^4,H^2O) + 4H^2O$

$4H^2O + C^3H^6O^4 + 2(Fe^3O^4,H^2O) = 6(FeO,H^2O) \qquad » \quad + H^2O + CO^2 + C^2H^4O^3$

$3H^2O + C^2H^4O^3 + 6(FeO,H^2O) = 3(Fe^2O^3,3H^2O) \qquad » \qquad + C^2H^4 \text{ (Gaz des marais)}$

Ce qui se résume en cette équation :

$$\underbrace{C^6H^{12}O^6}_{\text{Molécule hydro-carbonée.}} + \underbrace{3(Fe^2O^3,3H^2O)}_{\text{Peroxyde de fer.}} + \underbrace{O^6}_{\text{Oxygène.}} = \underbrace{3(Fe^2O^3,3H^2O)}_{\text{Peroxyde de fer.}} + \underbrace{4H^2O}_{\text{Eau.}} + \underbrace{4CO^2}_{\text{Acide carbonique.}} + \underbrace{C^2H^4}_{\text{Gaz des marais.}}$$

La première mission du Fer, disséminé dans le sol, est donc de désagréger en totalité les matières mortifiées et de libérer tous les éléments qui, sous forme d'Acide carbonique et de vapeur d'eau, peuvent aller ailleurs entretenir la végétation.

De tout cet échafaudage d'atomes, qui constituait chaque molécule du détritus, il ne reste en définitive que ce qui ne peut être comburé; c'est-à-dire une irréductible fraction d'Hydrogène proto-carboné (C^2H^4), avec laquelle précisément, par une série contraire d'oxydations, le Fer va maintenant faire office de constructeur, en fixant désormais l'Azote. Car ce serait une erreur de croire qu'après avoir détruit, le Fer se repose un instant de son rôle physiologique.

Partout où se trouvent des détritus, des débris sans valeur de matières organisées, le Fer les combure d'abord, pour en extraire le principe subtil, qui doit former la base de tous les matériaux préparés par lui. Et alors même que le lieu aéré, dans lequel il agit, ne serait pas actuellement fréquenté par les végétaux, il n'en fera pas moins, dans l'attente de ces derniers, des provisions d'Azote; il l'entreposera même dans des Nitrières et l'emprisonnera, pour le mieux conserver, dans des cristaux minéralisés, que les plantes seules sauront détruire.

Mais dans les fonds bourbeux, sans lumière et sans air, où la plus humble plante ne saurait vivre, il ne permettra pas que de précieux éléments d'organisation demeurent stationnaires, faute d'emploi.

Il faut, dans ces milieux, que les matières mortifiées, azotées ou non azotées, se décomposent toutes; et c'est pourquoi, après les avoir dépouillées successivement de tout ce qui est susceptible d'être brûlé; quand il ne reste plus que des corps réfractaires et volatils, à peine retenus en une frêle combinaison par de l'Oxygène; le Fer, alors, prend à son compte cet Oxygène, et tous les éléments se trouvent délivrés.

$$\underbrace{C^2H^4O^3}_{\substack{\text{Humus} \\ \text{hydro-} \\ \text{carboné.}}} + 6(FeO,H^2O) + 3H^2O = 3(Fe^2O^3,3H^2O) + \underbrace{C^2H^4}_{\substack{\text{Gaz} \\ \text{des} \\ \text{marais.}}}$$

$$\underbrace{C^4H^8Az^2O^3}_{\text{Humus azoté.}} + 6(FeO,H^2O) + 3H^2O = 3(Fe^2O^3,3H^2O) + \underbrace{2(C^2H^4)}_{\substack{\text{Gaz} \\ \text{des marais.}}} + \underbrace{Az^2}_{\text{Azote.}}$$

$$\underbrace{C^4H^8Az(AzH^4)O^3}_{\substack{\text{Humus} \\ \text{Albuminoïde.}}} + 6(FeO,H^2O) + 3H^2O = 3(Fe^2O^3,3H^2O) + \underbrace{2(C^2H^4)}_{\substack{\text{Gaz des} \\ \text{marais.}}} + \underbrace{Az^2}_{\text{Azote.}} + \underbrace{H^4}_{\substack{\text{Hydro-} \\ \text{gène.}}}$$

L'Acide carbonique, l'Hydrogène, l'Azote et le Gaz des marais, qu'on recueille si aisément en remuant la vase, sont donc, avec l'eau et les sels en dissolution, tout ce qui reste des détritus dans les lieux où la boue ne permet à aucune plante de végéter; et l'on peut même, à ce propos, se demander si les effluves paludéens — qui participent de l'équilibre des gaz, puisqu'ils perdent leur nocivité spécifique à une faible distance de leur foyer — ne seraient pas exclusivement cet Hydro-carbure.

Quoi qu'il en soit, il est certain que la fièvre paludéenne hante *toujours* les lieux où se produisent des dégagements de Gaz des marais; et *jamais* les champs asséchés, les terrains perméables à l'air ou peu riches en détritus, dans lesquels l'Hydrogène proto-carboné passe, sans transition, de la matière mortifiée à la matière vivante, et n'est jamais délivré sans se trouver aussitôt fixé.

C'est, en effet, sur cet élément qu'après la destruction de chaque molécule, le Fer fixe immédiatement l'Azote et l'Oxy-gène, par une série nouvelle d'oxydations, qui d'analyse se fait synthèse; en commençant, nécessairement, par le degré le plus faible d'oxydation que l'Hydro-carbure puisse accepter.

C'est ainsi que se forme la peptone des végétaux, que nous appelons le *Protoplasma* :

$$\underbrace{2(C^2H^4)}_{\substack{\text{Hydrogène}\\ \text{proto-}\\ \text{carboné.}}} + 2(Fe^5O^4, H^2O) + 4H^2O + \underbrace{Az^2}_{\text{Azote.}} = 6(FeO, H^2O) + \underbrace{C^4H^8Az^2O^2}_{\text{Protoplasma.}}$$

Lequel, étant soluble dans l'eau, pénètre, avec une partie du Fer, dans la sève des végétaux où, par un nouveau phénomène d'oxydation, il se transforme en ASPARAGINE.

$$\underbrace{2(C^4H^8Az^2O^2)}_{\text{Protoplasma.}} + 3(Fe^5O^4, H^2O) + 4H^2O = 6(FeO, H^2O) + \underbrace{2(C^4H^8Az^2O^5)}_{\text{Asparagine.}}$$

Chacun sait, en effet, que l'Asparagine est un produit constant de l'assimilation, qui se recommande par sa propriété de s'accumuler dans les plantes cultivées dans l'obscurité, qui par conséquent ne respirent pas, et de s'évanouir dès que, sous l'influence de la lumière, leur fonction respiratoire s'est établie.

Cette disparition doit évidemment résulter de la respiration. Mais avant de suivre le Fer dans le végétal et de nous enquérir si ses réactions peuvent expliquer la corrélation de ces phénomènes, il convient que nous recherchions ce que devient le Protoplasma, toutes les fois que, pour une cause quelconque, il n'est pas absorbé par les Végétaux.

FORMATION DES AZOTATES

On s'est demandé bien souvent d'où peuvent provenir ces immenses gisements de Nitrates, dont quelques-uns, tel que celui de Tarapaca, sont exploités depuis plus de cent ans sans que leur rendement ait diminué.

Si une quantité donnée de matières mortifiées ne pouvait donner lieu, en se consumant, qu'à la fixation d'une proportion définie d'Azote, on ne pourrait jamais concevoir comment ont dû se former tous ces énormes bancs de Nitre cubique, qui occupent une si grande étendue sur les côtes du Chili et du bas Pérou. Il est donc logique d'admettre que les couches où ce Nitre s'est rassemblé, ont été pendant très longtemps, et sont peut-être aujourd'hui encore, le siège de quelque réaction chimique non dévoilée, de nature à perpétuer la nitrification.

Les Azotates sont évidemment des produits de réaction dernière ; et il est digne de remarque qu'ils s'accumulent toujours dans des terres poreuses, un peu humides, peu fréquentées par les végétaux, et caractérisées par la présence constante de sels alcalins, de débris de roches ferrugineuses et de traces plus ou moins anciennes de détritus.

Il est certain que la comburation des matières mortifiées doit toujours aboutir, hors des lieux vaseux, à la formation du Protoplasma, et que par conséquent c'est de ce dernier que procèdent les Azotates. Mais comme, d'autre part, il est non moins certain que les Azotates cristallisés ne renferment aucune trace d'Hydrocarbure, il s'agit de savoir si ce n'est pas en définitive cet élément qui, n'ayant pas été absorbé par les végétaux à l'état de Protoplasma, provoque et perpétue la nitrification par régénération continue d'un agent nitrificateur.

Cette question peut être résolue par des équations, qui nous dispenseront de toute conjecture ; puisqu'il suffit, pour être édifié, d'enregistrer méthodiquement tous les composés que l'Hydrogène proto-carboné peut former, sous l'influence du Fer, par l'adjonction successive de l'eau et des deux éléments de l'air.

GÉNÉRATION DES AZOTATES

I. — Comburation de l'humus.

Molécule hydro-carbonée.   Oxygène.   Hydrogène prôto-carboné.

$$C^6H^{12}O^6 + 3(Fe^2O^3,3H^2O) + O^5 = 2(Fe^3O^4,H^2O) + 11H^2O + 4CO^2 + C^2H^4$$

II. — Fixation primaire de l'azote.

Hydrogène proto-carboné.   Azote.   Protoplasma.

$$2(C^2H^4) + Az^2 + 2(Fe^3O^4,H^2O) + 4H^2O = 6(FeO,H^2O) + C^4H^8Az^2O^2$$

Protoplasma.   Azote.   Nitrogène.

$$C^4H^8Az^2O^2 + Az^2 + 2(Fe^3O^4H^2O) + 4H^2O = 6(FeO,H^2O) + 2(C^2H^4Az^2O^2)$$

III. — Nitrification.

Nitrogène.   Eau.   Carbonate d'ammoniaque.

$$C^2H^4Az^2O^2 + 2H^2O = 2(AzH^4,CO^2)$$

Carbonate d'ammoniaque.   Azote.   Nitrogène.   Azotate d'ammoniaque.

$$2(AzH^4,CO^2) + Az^2 + 2(Fe^3O^4,H^2O) + 4H^2O = 6(FeO,H^2O) + C^2H^4Az^2O^2 + Az(AzH^4)O^3$$

IV. — Formation du salpêtre.

Azotate d'ammoniaque.   Carbonate de potasse.   Carbonate d'ammoniaque.   Nitrate de potasse.

$$Az(AzH^4)O^3 + KO,CO^2 = AzH^4,CO^2 + Az(KO)O^3$$

Nous constatons par ce tableau que c'est bien, effectivement, la molécule hydro-carburée, C^2H^4, qui, lorsqu'elle n'est pas absorbée par les végétaux à l'état de Protoplasma, continue à fixer les éléments de l'air, en donnant naissance à du Nitrogène, dont la composition est absolument identique à celle de l'Urée.

De même que l'Urée, le Nitrogène en présence de l'eau se transforme en Carbonate d'Ammoniaque ; lequel, par une dernière adjonction des éléments de l'air, régénère le Nitrogène et engendre de l'Azotate ammoniacal. C'est donc par une double décomposition avec ce dernier, que les sels de Potasse ou de Soude se transforment finalement, dans le sol, en Salpêtre ou en Nitre cubique, suivant les cas.

On voit que toutes ces réactions se succèdent sans transition et sans fixer autre chose en définitive que l'air et l'eau, en proportions voulues pour former l'Azotate d'ammoniaque.

$$4H^2O + Az^4 + O^2 = 2(Az(AzH^4)O^5)$$

Et comme il y a régénération constante du Nitrogène, on s'explique aisément que le Nitre s'accumule sans cesse, en tout lieu favorable à sa production, aussi longtemps du moins que les végétaux ne s'emparent pas du principe qui le produit; car on sait qu'une bonne terre bien cultivée renferme beaucoup d'Azote en combinaison, et cependant très peu d'Azotates.

La Nitrification étant le plus haut degré de l'oxydation de l'Azote par l'intermédiaire du Fer, il est évident que les Azotates, une fois formés, ne peuvent plus se décomposer dans le sol pour former du Protoplasma; mais les plantes se les assimilent facilement, et nous verrons bientôt que l'Asparagine se transforme elle-même dans la sève des végétaux, en une sorte d'Azotate hydro-carburé, qui est la base de formation de tous les composés albuminoïdes.

En résumé, ainsi que l'a écrit Dehérain : « Ce n'est pas seulement par les six millièmes d'Azote qu'il renferme, que le fumier exerce son action sur la végétation; c'est aussi par la matière carbonée en décomposition qui en constitue la masse tout entière. Enfouie dans le sol, cette matière s'y conserverait peut-être longtemps, si le cultivateur ne s'efforçait de déterminer son oxydation. Pour y réussir, il déchire la terre du soc de sa charrue, il l'aère, il la pulvérise, il lui prodigue les façons; et en même temps qu'a lieu la combustion de la matière carbonée, l'Azote est fixé et désormais entraîné dans la série des métamorphoses, qui le conduisent du sol à la plante et de la plante à l'animal. »

L'agriculteur, qui désire enrichir sa terre, ne saurait donc trop se pénétrer de la profonde sagesse de la légende du *Laboureur et ses Enfants*. Plus il retournera son champ et l'ameublira, et plus il fera inconsciemment œuvre de Chimiste, en ramenant à l'air les matières mortifiées, que le Fer est obligé de brûler pour faire croître les végétaux, par l'alternance ininterrompue de ses réactions.

II

RESPIRATION DES PLANTES

CARACTÈRES DE LA RESPIRATION

Nous savons, depuis Priestley, que les animaux et les végétaux exercent une action opposée et en quelque sorte complémentaire sur l'atmosphère; les premiers s'emparant de l'Oxygène ambiant pour exhaler un volume égal d'Acide carbonique, et les seconds absorbant au contraire cet élément, dont ils restituent l'Oxygène à l'air.

Or, il est du plus haut intérêt de savoir si ces deux phénomènes si opposés, qui ont donné lieu jusqu'ici à tant d'hypothèses contradictoires, ne sont pas respectivement provoqués par les réactions bien connues du Fer; lequel est toujours à l'état d'Oxyde ferreux dans les parties vertes des Végétaux, autrement dit dans la Chlorophylle, et à l'état d'Oxyde ferrique dans l'hémoglobine des Animaux.

En ce qui concerne les Végétaux, qui seuls nous intéressent dans cette étude, nous devons remarquer d'abord :

1° Que les feuilles ne décomposent l'Acide carbonique ambiant que sous l'influence de la lumière; en dehors de laquelle elles respirent toujours à la manière des animaux.

C'est ainsi que les plantes marécageuses, que l'on maintient sous l'eau dans l'obscurité, meurent par asphyxie, après avoir absorbé tout l'Oxygène en dissolution;

2° Que la matière verte, la Chlorophylle, *dans laquelle les Oxydes ferreux sont localisés,* jouit seule de la propriété d'absorber l'Acide carbonique;

3° Que les plantes développées dans l'obscurité et qui restent blanches, les parties végétales colorées autrement qu'en vert, les feuilles mortes et desséchées, non seulement n'absorbent pas l'Acide carbonique, mais exhalent au contraire cet élément.

Toutes ces particularités caractéristiques font invinciblement naître la présomption d'une intervention plus ou moins active du Fer ; et nous avons comme une vague vision déjà que le Protoxyde de fer, — dont Verdeil et Mulder ont, depuis très longtemps, signalé les premiers la localisation dans la Chlorophylle, — décompose l'eau et l'Acide carbonique de l'atmosphère, en se transformant en Hydrate d'Oxyde intermédiaire d'un vert foncé ; pendant que l'Hydrogène naissant s'unit, soit avec les matériaux azotés pour former les produits albuminoïdes, soit avec l'Oxyde de Carbone fixé, pour engendrer les corps Hydro-carbonés.

Evidemment, ce n'est là qu'une présomption, une première hypothèse sans conséquence ; aussi n'est-ce qu'à seule fin de poser un premier jalon, que nous allons tracer le schéma suivant, dont le seul objectif est de nous donner, tout d'abord, une idée suffisamment nette de l'alternance des réactions que les Oxydes ferreux peuvent éprouver dans la Respiration.

$$\underbrace{3FeO}_{\substack{\text{Proto-}\\\text{xyde}\\\text{de fer.}}} + \underbrace{H^2O}_{\substack{\text{Eau de}\\\text{végéta-}\\\text{tion.}}} = \underbrace{Fe^3O^4}_{\substack{\text{Oxyde}\\\text{inter-}\\\text{médiaire.}}} + \underbrace{H^2}_{\substack{\text{Hydro-}\\\text{gène}\\\text{naissant.}}}$$

$$\underbrace{3FeO}_{\substack{\text{Proto-}\\\text{xyde}\\\text{de fer.}}} + \underbrace{CO^2}_{\substack{\text{Acide}\\\text{car-}\\\text{bonique.}}} + \underbrace{Fe^3O^4}_{\substack{\text{Oxyde}\\\text{inter-}\\\text{médiaire.}}} + \underbrace{CO}_{\substack{\text{Oxyde}\\\text{de}\\\text{carbone.}}}$$

$$\left. \right\} = 2\underbrace{Fe^3O^4}_{\substack{\text{Oxyde}\\\text{intermé-}\\\text{diaire.}}} + \underbrace{C^nH^{2n}O^n}_{\substack{\text{Molécule}\\\text{organique.}}}$$

Cette première réaction, qui représente la phase d'Inhalation, serait suivie nécessairement de la phase d'Exhalation ; c'est-à-dire que, sous l'influence d'un corps réducteur, qui ne pourrait agir qu'en présence de la lumière, l'Oxyde intermédiaire formé reprendrait la première forme de Protoxyde, en dégageant une proportion d'Oxygène égale à celle de l'Acide carbonique d'abord fixé.

$$\underbrace{2Fe^3O^4}_{\substack{\text{Oxyde}\\\text{intermé-}\\\text{diaire.}}} = \underbrace{6FeO}_{\substack{\text{Pro-}\\\text{toxyde.}}} + \underbrace{O^2}_{\substack{\text{Oxy-}\\\text{gène.}}}$$

L'intervention de la lumière, qui est nécessaire en effet pour provoquer la réduction ci-dessus, nous explique déjà d'une manière satisfaisante le caractère diurne de la respiration. Quant à l'exhalation carbonique, qui se manifeste pendant la nuit, nous pouvons aussi l'expliquer par l'action oxydante de l'Oxyde intermédiaire, qui ne peut être réduit qu'en effectuant des comburations dans l'obscurité.

Si, suivant notre prévision, l'exhalation carbonique des plantes, pendant la nuit, n'est effectivement que le résultat d'une combustion lente, nous devons préjuger, dès lors, que cette exhalation ne devra pas se manifester avec la même activité que la véritable respiration.

Or, c'est précisément ce qui a été constaté par Corenwinder, qui a conclu de ses nombreuses expériences que « la quantité d'Acide carbonique, décomposé pendant le jour par les feuilles des plantes, est beaucoup plus considérable que celle qui est exhalée par elles pendant la nuit. Le matin, il leur suffit souvent de trente minutes d'insolation pour se récupérer de ce qu'elles peuvent avoir perdu pendant l'obscurité. »

Nous ferons remarquer enfin, comme une grande confirmation préventive de notre thèse, que la maturité, la caducité, la mortification, en un mot toutes les évolutions spontanées, qui tendent à la disparition de quelque partie ou à la transformation de certains organes, sont toujours caractérisées, chez le végétal, par une interversion de la Respiration, corrélative d'une interversion de couleur (c'est-à-dire du remplacement, à la réflexion, des rayons verts par les rayons rouges); due elle-même à la transformation spontanée des Oxydes ferreux en Sesqui-oxyde de fer.

Ainsi, le bouton vert, qui absorbe l'Acide carbonique comme la feuille, fait éclore la fleur qui exhale cet élément; et la fleur à son tour fait naître le fruit vert, qui respire comme la plante; jusqu'au moment où, changeant de couleur, il respirera comme l'animal.

Il n'est qu'un point, dans le végétal, où ne se manifeste aucun phénomène d'exhalation ni de respiration : c'est la graine cachée, gage de l'avenir, dans laquelle une main inconnue sait toujours enfermer, sous des enveloppes imperméables, la parcelle de Fer et le Microphyte mystérieux, près du lait préparé par les feuilles du végétal, et précieusement condensé dans les mamelles gonflées des cotylédons.

Tout repose dans ce milieu; jusqu'au moment où, traversant le hile, l'eau attiédie des pluies portera à l'Oxyde de fer l'étincelle de l'Oxygène, qui, par la douce chaleur de ses combustions, liquéfiera le lait, tirera l'embryon de son inertie, et l'alimentera d'un chyle nourricier, dans lequel se trouveront solubilisés tous ses éléments d'organisation.

Les végétaux sont essentiellement accumulateurs, par la raison que l'assimilation ne se trouve pas compensée chez eux par une dénutrition analogue à celle des animaux. C'est ce qui nous explique pourquoi leur accroissement est beaucoup plus rapide et n'a d'autre limite que celle qui lui est imposée par la végétation.

Les plantes, ainsi que l'a dit Dehérain, sont des appareils d'évaporation; les eaux, chargées de principes minéraux contenus dans le sol, y pénètrent, s'y évaporent et abandonnent ces principes minéraux, qui souvent n'ont aucune importance pour le développement de la plante même.

Ce transport incessant de matières salines dans les tissus déterminerait donc une saturation promptement mortelle, si les sels, qui tendent toujours cependant à s'accumuler, n'étaient pas expulsés en très grande partie par quelque voie prévue d'élimination.

C'est ainsi que les feuilles caduques, les fruits mûris, les écorces mortifiées, emportent chaque année une portion considérable de ces principes; et l'on peut observer que les végétaux toujours verts, à feuilles persistantes, sont ceux précisément qui évaporent le moins, et qui par conséquent se chargent de principes salins avec le plus de lenteur; aussi croissent-ils moins vite et jouissent-ils, en revanche, d'une plus grande longévité.

La vaporisation continue de l'eau exige nécessairement le concours d'une somme considérable de Calorique, qui s'emmagasine dans la vapeur à l'état latent, et que le végétal est forcé d'emprunter à l'extérieur; d'où il suit que l'exhalation, et par conséquent la circulation et la végétation, sont d'autant moins actives que, par l'effet de la latitude ou de la saison, la plante reçoit de l'extérieur non pas moins de *chaleur*, mais — distinction très essentielle, que nous allons expliquer plus bas — moins de Calorique.

Il est facile de calculer, en effet, que chaque litre d'eau supposée à $+ 15°$ dans la sève du végétal, doit en s'évaporant emmagasiner une somme de calorique qui, évaluée en chaleur, suffirait pour

élever au degré de l'ébullition plus de 7 litres d'eau initialement
au même degré. Or, d'après les expériences de Dehérain, il a
suffi parfois de 200 grammes de feuilles de blé, végétant au
soleil, pour fournir, en sept heures au plus, des résultats moyens
répondant aux conditions numériques de ce calcul.

Une exhalation si considérable, dans un si petit espace de temps,
ne peut pas être, assurément, l'effet d'une simple évaporation.
D'ailleurs, avant même de connaître la cause et les particularités
de ce phénomène, nous devons préjuger que, dans sa prévoyance
de toutes choses, la nature ne pouvait pas vouloir que cette
exhalation — qui entretient l'existence des végétaux en permet-
tant à la sève de circuler dans les vaisseaux dégorgés par elle —
put être influencée par l'état hygrométrique de l'air, à un
moment où sa température élevée pourrait tuer la plante en
favorisant les fermentations.

C'est donc en vertu d'une loi formelle de prévoyance, maintes
fois contrôlée par l'observation, que les plantes continuent à
émettre, pendant le jour, la même quantité de vapeur à peu de
chose près, dans un milieu saturé, ou non saturé, de cet élément.
Et les plantes marécageuses ou sous-marines, qui certes ne pourraient se prêter à aucune évaporation au milieu de l'eau, ne
présentent pas moins le même phénomène d'exhalation, qui est
la condition obligée de la circulation, et par conséquent de
leur nutrition.

C'est ainsi que s'explique le fait, signalé par M. Garaud, que
les feuilles des plantes complètement submergées, de même que
celles des végétaux aériens, sont d'autant plus minéralisées
qu'elles sont plus anciennes.

Nous allons voir du reste bientôt que l'exhalation hydrique des
feuilles et leur respiration sont, en réalité, le même acte physiologique, et d'autant plus comparable en l'espèce à la double exhalation pulmonaire des animaux, qu'il résulte dans les deux cas
des réactions alternes du Fer, enfermé, d'une part, dans la Chlorophylle et, d'autre part, dans la matière rouge des hématies.

La théorie que nous exposons, ou, pour parler plus exactement,
la Chimie qui nous sert de guide, offre cela de particulier qu'elle
nous *oblige* à acquérir des notions tout à fait précises sur un
grand nombre de phénomènes inexpliqués, que nous rencontrons
sans les rechercher.

Ainsi il a été constaté que, chez le végétal, l'exhalation de la
vapeur d'eau et celle de l'Oxygène, toute question d'évaporation

incidente à part, sont susceptibles de varier beaucoup parallèlement, suivant l'intensité et la nature de la lumière ; sans que la température plus ou moins élevée de l'air paraisse intervenir pour influencer leur variation.

C'est ainsi que, dans les expériences de Dehérain, on a vu 100 grammes de feuilles de blé vaporiser en une heure, à la même température de $+ 22°$: 70 centigrammes à 1 gr. 10, dans l'obscurité ; — 6 grammes à 17 gr. 7, à la lumière diffuse ; — et 71 gr. 8, à la radiation du soleil. Tandis que, en d'autres cas et à une température moins élevée, l'exhalation s'est trouvée, dans les trois conditions ci-dessus, non pas diminuée, mais parfois même légèrement augmentée.

Comment concilier cette action négative de la chaleur avec une telle influence de la lumière si, comme nous aurons occasion de le démontrer, la Chaleur, la Lumière et l'Électricité ne sont que des manifestations différentes d'un même fluide ?

Or, cette anomalie apparente n'est que la conséquence obligée de la Loi de Kirchhoff, en vertu de laquelle chaque corps n'absorbe normalement qu'une certaine collection de rayons, différente de celle des autres corps.

Nous savons que notre atmosphère absorbe et emmagasine une collection de rayons, dans laquelle prédominent les rayons bleus ; et ce fait nous est démontré, non seulement par l'analyse spectrale, mais plus vulgairement par la teinte *azurée* du ciel, due à la transmission, c'est-à-dire au rayonnement de cette collection ; tandis que la nuance *jaunie* de la radiation du soleil, rendue plus *orangée*, le matin et le soir, par un plus long trajet à travers la masse de l'atmosphère, est la nuance complémentaire de cet azur, celle qui appartient à la collection de rayons qui n'est pas absorbée par l'air.

Car, ce serait une erreur de croire que la radiation qui arrive directement à nous, à travers le corps transparent — en vertu d'une trajection qui n'a rien de commun avec la Transmission et que, par distinction, on pourrait dénommer peut-être la *Transférence* — représente réellement la *Lumière blanche ;* autrement dit la véritable radiation, telle qu'elle est émise par le soleil.

Les éléments de l'air décomposent toujours cette radiation ; par la raison qu'ils interceptent et absorbent dans leur ensemble, une certaine quantité de rayons parmi lesquels prédominent les rayons bleus. Et c'est pourquoi la Lune, agrandie par la diffraction apparaît, à notre horizon, même sans vapeur, plus ou moins jaunâtre; de même que, lorsqu'elle est éclipsée par nous, nous voyons son disque très empourpré par la radiation plus dépouillée de Soleil, qui, ne pouvant être absorbée par l'air, a passé à travers notre atmosphère, en se réfractant.

Les choses étant ainsi, on conçoit aisément que, si les êtres organisés sont en conformité des conditions extérieures qui les font naître, tous les végétaux aériens devront s'accommoder spécialement de la radiation tamisée par l'air et caractérisée par la prédominance des rayons rouges, qui lui donne un éclat plus ou moins vermeil; et ce qui le démontre avec évidence c'est précisément leur coloration, indiquant qu'ils repoussent les rayons verts et qu'ils n'absorbent que leurs complémentaires, les rayons rouges. Si les végétaux sous-marins sont d'un vert beaucoup plus foncé, c'est assurément parce qu'ils reçoivent à travers l'eau une radiation plus foncée aussi, autrement dit beaucoup plus rougeâtre.

Cette influence de la lumière a été scientifiquement démontrée, d'ailleurs, par plusieurs savants — par L. Cailletet, P. Dehérain et le Dr Daubeny, entre autres, — dont les expériences ont établi que la Respiration et l'Exhalation hydrique des végétaux, activées par toutes les collections de rayons dans lesquelles il y a prédominance des rayons rouges, sont complètement suspendues par la lumière verte, et considérablement affaiblies par toutes les collections dans lesquelles dominent les rayons bleus.

D'où nous devons conclure que la double fonction respiratoire des végétaux est le résultat immédiat d'une action exclusivement engendrée par les rayons *rouges;* et que, par conséquent, ce n'est pas la température plus ou moins élevée de l'air, c'està-dire l'émission de ses rayons *bleus*, qui peut influencer cette réaction. La respiration diurne des plantes, leur développement printanier, sont une simple question d'altitude solaire et d'intensité de radiation; car, de même qu'il faut en Chimie, suivant la nature des corps mis en réaction, l'intervention d'un minimum de *rayons spéciaux*, que l'on ne peut fournir que par caléfaction, autrement dit par une addition générale de Calorique; de même il faut pour le sol, et pour chaque plante en particulier, une certaine acquisition de rayons *actifs*, que l'air par lui-même ne peut fournir généralement, et sans lesquels l'ensemble des élaborations ne se produit pas.

MÉCANISME CHIMIQUE DE LA RESPIRATION

Nous avons admis préventivement que le mécanisme de la respiration diurne des végétaux doit consister dans la transformation incessante du Protoxyde de fer en Oxyde intermédiaire, et réciproquement; et nous avons même produit une formule simplifiée, dans le seul but de traduire graphiquement cette présomption.

Il convient maintenant que nous essayions de trouver la formule vraie.

Pour cela, nous devons noter, tout d'abord, que les Oxydes ferreux ne peuvent exister dans les végétaux qu'à l'état d'*Hydrates;* d'abord, parce qu'ils sont toujours les produits de réactions humides; ensuite, parce que le Protoxyde de fer n'est guère connu que sous cet état, et que, lorsqu'on essaie de le dessécher, il se transforme en Oxyde intermédiaire hydraté, par une décomposition spontanée de l'eau qui, nécessairement, doit se retrouver dans la Chlorophylle; et enfin, parce que la coloration de la Chlorophylle est précisément la coloration caractéristique de l'Oxyde intermédiaire de fer, combiné à l'eau.

Or, si nous admettons que, dans la Chlorophylle, six molécules d'Hydrate de Protoxyde, $6(FeO,H^2O)$ — qui contiennent six équivalents d'eau — peuvent se transformer en deux molécules d'Hydrate d'Oxyde intermédiaire, $2(Fe^3O^4,H^2O)$ — qui n'en contiennent que deux équivalents, — et qu'ensuite une transformation inverse se manifeste, il résultera nécessairement de cette alternance une sorte de jeu de pompe qui, aussi longtemps qu'il fonctionnera, puisera quatre équivalents d'eau dans la sève du végétal, pour les rejeter au dehors sous forme de vapeur.

Il ne faudra, pour que ce double mouvement se produise et se continue, que la présence d'un corps Réducteur, pour amener l'Oxyde intermédiaire hydraté à l'état d'Hydrate de Protoxyde; d'un corps Oxydant, pour régénérer l'Oxyde intermédiaire réduit, et de certains Rayons, pour provoquer au moins la première des réactions.

Or, nous savons que le corps oxydant, c'est l'Eau; et nous avons pu entrevoir déjà que le corps réducteur est l'Asparagine;

laquelle s'accumule ou s'évanouit, dans la sève des végétaux, suivant qu'on les maintient dans l'obscurité ou à la lumière, suivant qu'on les empêche ou qu'on leur accorde de respirer.

Quant aux rayons chimiques, qui doivent provoquer cette réduction, il ne sera pas malaisé de nous rendre compte de leur nature; puisque nous avons reconnu que, d'après la Loi de Kirchhoff les rayons chimiques d'un corps doivent être les rayons spontanément absorbés par lui, et qui, par conséquent, sont les complémentaires de ceux qu'il repousse par réflexion. C'est ainsi que le Chlore, l'Argent, le Soufre et généralement tous les corps, dans la réflexion desquels prédominent les rayons *Jaunes*, ont, dans la gamme spectrale, leurs rayons chimiques vers le *Violet;* et nous venons de voir à l'instant que la respiration et l'exhalation deviennent nulles dans les parties vertes des végétaux, que l'on éclaire à travers une liqueur Verte; tandis qu'elles s'élèvent au maximum de l'activité, lorsque la lumière est filtrée par une liqueur contenant du Carmin en dissolution.

Munis de ces données, il nous sera possible, non seulement de reproduire graphiquement tout le mécanisme chimique de la Respiration et de l'Exhalation; mais aussi d'assister à la formation des premiers principes constitutifs, engendrés par la réaction.

RÉACTIONS ALTERNES DU FER DANS LA RESPIRATION

I. — Respiration.

$$\underbrace{CO^2}_{\substack{\text{Acide}\\\text{car-}\\\text{bonique.}}} + \underbrace{5H^2O}_{\substack{\text{Eau de}\\\text{végétation.}}} + \underbrace{C^4H^8Az^2O^3}_{\text{Asparagine.}} + \underbrace{2(Fe^3O^4,H^2O)}_{\text{Réduction de l'Oxyde intermédiaire.}} = \underbrace{6(FeO,H^2O) + C^2H^4Az^2O^3}_{\text{Matière azotée.}} + \underbrace{C^3H^6O^3}_{\substack{\text{Matière}\\\text{hydro-}\\\text{carbonée.}}} + \underbrace{O^2}_{\substack{\text{Oxy-}\\\text{gène}\\\text{exhalé}}}$$

II. — Exhalation hydrique.

$$\underbrace{C^2H^4Az^2O^3}_{\text{Matière azotée.}} + \underbrace{6(FeO,H^2O) = 2(Fe^3O^4,H^2O)}_{\text{Régénération de l'Oxyde intermédiaire}} + \underbrace{C^2H^4Az(AzH^4)O^3}_{\text{Matière albuminoïde.}} + \underbrace{2H^2O}_{\substack{\text{Eau}\\\text{exhalée.}}}$$

On est surpris de voir par quelle chimie subtile, en se servant des Oxydes ferreux dans les conditions les plus variées, la nature arrive toujours à former le même principe initial d'organisation, l'*Azotate d'Ammoniaque;* soit qu'elle donne le Fer comme réactif à ses propres Oxydes; soit qu'elle fasse décomposer par ceux-ci les matières mortifiées; soit enfin qu'elle fasse modifier par leurs réactions les matériaux azotés, absorbés par le végétal, pour les transformer en matière albuminoïde, autrement dit en une sorte d'Azotate d'ammoniaque Hydrocarburé.

Pour nous donner un aperçu physique des réactions alternes et continues, qui constituent la Respiration, nous pourrions comparer chaque feuille du végétal à un immense champ de petites pompes, alimentées par un nombre infini de canalicules et de tuyaux, qui commencent aux fines nervures et vont puiser dans le sol les matériaux, que d'infatigables mineurs, des milliers d'êtres rutilants, désagrègent et élaborent sans cesse, au moyen de la combustion.

La nuit, pendant que le travail continue dans les profondeurs, les Usines aériennes sont au repos; mais, dès l'aube du jour, tout se met en branle, et bientôt les pistons de Fer, actionnés par l'électricité des rayons, — qui les fait descendre et monter avec une inconcevable vélocité, sous la double pression du gaz Carbonique et de l'Oxygène, — aspirent vivement et chassent en vapeur le véhicule aqueux, par lequel s'effectue l'ascension des matériaux solubilisés, que le soleil et l'air doivent organiser.

Ce spectacle mouvementé, que l'esprit peut saisir, mais qu'aucune image ne saurait rendre, suffit pour nous montrer que la succion des racines, la nutrition, la circulation, l'absorption carbonique, l'exhalation de l'eau, en un mot tous les actes habituels de la vie organique du végétal, que nous considérions comme provoqués respectivement par autant de causes distinctes, sont en réalité le résultat complexe des réactions spontanées d'un unique agent.

Le végétal est un être passif, parce qu'il est lié par ses villosités stomacales — la racine et son chevelu — au digesteur commun où le Fer élabore pour lui les premiers éléments de sa nutrition. Mais, en dehors de l'acte digestif, que la terre s'est réservée, on peut dire qu'il n'est pas une seule fonction de notre vie organique qui, dans un ordre nouveau et tout à fait inverse, ne soit également ment l'apanage du végétal. L'assimilation par les racines, la respiration par les feuilles, la gestation par la fleur, l'excrétion même par l'écorce, sont chez lui, à l'extérieur, les mêmes actes physiologiques que ceux de l'animal en son intérieur; et ces fonctions, par leur siège et leurs manifestations opposées, sont aussi complémentaires l'une de l'autre, que les nuances *vert-jaune* et *vert-bleu*, des deux Oxydes ferreux étalés dans la Chlorophylle, sont optiquement les complémentaires du *Pourpre* et de l'*Ecarlate*, des deux Oxydes ferriques enfermés dans nos hématies.

ROLE BIOLOGIQUE

DU FER

CHEZ L'HOMME ET LES ANIMAUX

I

FONCTIONS VITALES

INTERVENTION DU FER

Dans tous les temps, la Médecine a considéré le Fer comme l'agent *Tonique* par excellence, sans que rien, en définitive, ait jamais pu permettre de découvrir en vertu de quelle propriété il produit la tonicité.

La tonicité d'un tissu, c'est-à-dire sa fermeté, sa force de résistance, étant en raison de sa densité, ou, si l'on aime mieux, du nombre de particules solidifiées qu'il contient sous un certain volume, on conçoit difficilement au premier abord comment la quantité si minime de fer, que l'on a pu doser dans notre organisme, peut produire un raffermissement plus marqué que ne le font, par exemple, les phosphates de chaux, de potasse et de magnésie, dont la proportion est infiniment plus considérable dans nos tissus.

Et cependant, s'il est vrai que toute matière est inerte par elle-même, il faut bien supposer que l'action tonique du Fer est le résultat d'une intervention purement physique ; à moins qu'elle ne procède, exclusivement, de quelque réaction chimique non expliquée, qui aurait pour effet de suractiver tous les phénomènes normaux de la nutrition.

Evidemment, c'est cette dernière hypothèse qui est la vraie.

L'énergique stimulation que provoque en nous l'absorption d'un excès minime de fer, montre suffisamment que ce corps ne doit pas être confondu, comme les phosphates cités plus haut, parmi les simples matériaux d'organisation.

Sa présence constante dans les globules sanguins, sous une forme toujours la même, nous oblige à admettre aussi que le Fer n'a pas simplement pour destination de rendre assimilables à nos tissus, par une réaction chimique non dévoilée, certains éléments minéraux introduits avec lui dans la circulation.

Dans quel but, en effet, la nature isolerait-elle avec tant de soin, dans un nombre infini de globules imperceptibles, tant d'impondérables parcelles de Fer, qui seraient destinées à faire, une fois sans plus, office de réactif?

Cette disposition, témoignage évident d'une sollicitude particulière, ne fait-elle pas entrevoir que l'hôte invisible de ces globules, qui circulent sans cesse à travers les mille sentiers de l'économie, est un des agents les plus précieux de notre animation?

Non; quoi qu'aient pu dire jusqu'à présent nos Traités de Thérapeutique, le Fer ne saurait être un banal *Stimulant*. Sa mission est plus haute; et ce n'est pas en vain qu'il a été répandu avec tant de largesse à la surface du globe et dans tous les replis de l'organisation.

Nous avons vu comment, avec l'aide de l'Oxygène, le Fer désagrège et disperse aux vents toutes les matières mortifiées.

Nous l'avons vu fixer, sur le résidu invisible de ces matières, les éléments combinés de l'air; soit pour accumuler le Nitre dans les nitrières, soit pour faire surgir de la terre les végétaux.

Nous avons observé par quelles réactions, après s'être introduit dans la plante même, le Fer entretient la respiration et la nutrition dans toutes les parties colorées par lui.

Et nous savons aussi que c'est lui, en réalité, qui dispense à tous les tissus leurs matériaux d'assimilation, en faisant par l'exhalation circuler la sève; lui qui, avec l'aide du calorique, fait éclater la graine et mûrir le fruit.

Mais est-ce là tout le résumé de ses actions vitales; et pouvons-nous admettre vraiment qu'en pénétrant en nous à l'état d'Oxyde, pour sortir à l'état de Phosphate suroxydé, il ne doit provoquer par ses réactions, aucun acte physiologique?

C'est à l'analyse de nous l'apprendre; puisque seule elle peut nous faire assister à cette mystérieuse transformation.

FORMATION DES GLOBULES BLANCS

Chacun sait que le Chyle est le premier produit d'assimilation, qui résulte de l'élaboration de nos aliments.

Cette liqueur plus ou moins laiteuse, formée de tous les éléments organiques et minéraux solubilisés par la digestion, se recommande à notre attention, moins par la composition complexe qui lui est propre, que par certains caractères physiques particuliers, dont il semble assez malaisé de découvrir l'origine au premier abord.

En progressant dans les vaisseaux lactés, qui vont le déverser au système circulatoire, nous remarquons, en effet, que le Chyle présente une analogie de plus en plus grande avec le fluide sanguin qu'il est destiné à alimenter.

Si on l'expose à l'air, il prend rapidement une teinte rougeâtre, en formant un caillot de fibrine absolument comparable au caillot sanguin; et si on l'examine avec l'aide d'un microscope, on assiste à la formation d'une grande quantité de globules blancs, que l'on nomme les **Leucocytes**, et qui sont évidemment destinés à se transformer, dans le sang, en globules rouges ou **Hématies**.

L'apparition spontanée de ces globules blancs, qui semble dérouter toutes les conjectures, ne peut être, logiquement, que le résultat d'une réaction, qui provoque la formation d'un composé nouveau.

Il est à remarquer, en effet, que tous les corps moléculairement divisés, qui ne peuvent se solidifier sans passer par l'état liquide, affectent la forme sphéroïdale en se condensant.

C'est ainsi que la vapeur du Soufre, mêlée à l'air, se condense en globules très fins dans la chambre à sublimation.

C'est ainsi encore que l'eau, en dissolution dans notre atmosphère, se sépare pendant la nuit de son dissolvant par abaissement de température, en formant vers le sol ces réseaux floconneux de globules précipités, que les courants aériens rassemblent le matin pour former les nuages et les brouillards.

Nous devons donc prévoir que si, dans le produit de la digestion, modifié par la dialyse, deux principes constitutifs — tels qu'un Albuminate de Fer et un Albuminate alcalin — peuvent se

combiner de façon à former un composé nouveau, qui ne puisse se
maintenir en dissolution dans le véhicule, non seulement ce
composé nouveau se constituera, conformément aux règles élé-
mentaires de la Chimie, mais qu'il se précipitera par force physique, sous la forme de corpuscules très fins et plus ou moins
arrondis, qui se présenteront avec toutes les apparences des
Leucocytes.

Et ce mode de génération spontanée, par précipitation, sera pour
nous d'autant plus probable, que les Globules blancs — dans lesquels
tout le Fer s'est localisé — se trouvent précisément formés d'une
matière organique nouvelle, la **Globuline**; laquelle est insoluble
dans le sérum et se présente avec toutes les apparences d'une
matière albuminoïde précipitée.

Cela étant, il devient très facile de discerner, d'une part,
comment les Globules blancs peuvent se transformer dans le sang
en Globules rouges; et, d'autre part, comment le fluide chyleux
peut revêtir lui-même une teinte rosée, dès qu'on lui fait subir le
contact oxydant de l'air.

Toutes les analyses ont démontré que les globules sanguins
sont uniformément constitués, chez les Vertébrés, par la même
matière azotée et par la même matière colorante, l'**Hémoglobine**;
laquelle, d'après les recherches de Schmidt et de Hoppe-Seyler,
n'est autre chose elle-même que de la Globuline combinée avec
un pigment.

Ce pigment est l'**Hémine**, dont la composition, analysée par
Hoppe-Seyler, est surtout caractérisée par la présence du **Chlore**
et du **Peroxyde de Fer**.

Or, si l'on rapproche cette composition du fait, signalé d'abord
par Pfluger et Zuntz (1), que l'Hémoglobine est toujours associée,
dans les hématies, avec une base alcaline fixe, nous sommes bien
obligés de conclure que le principe actif des Globules rouges est,
non pas une matière organique indéterminée, comme l'ont supposé certains physiologistes, mais *un Sel défini, dans lequel
une Base alcaline est unie au Fer*.

La présence bien constatée de cette base alcaline dans les
globules sanguins;

La tendance constante, dévoilée par Lassaigne et Gerhardt,
qu'éprouve la matière albuminoïde à former, avec les bases et
avec les sels, des composés ternaires;

____

(1) *Beiträge zur Physiologie des Blutes*, diss. p. 40.

La grande affinité du Fer et des Alcalis pour la matière azotée ;
et, d'autre part, la facilité bien connue avec laquelle ces corps
forment des sels doubles ;

Enfin, la grande quantité de **Potasse**, décelée dans les globules
sanguins par toutes les recherches analytiques ;

Tout cela indique suffisamment qu'il existe dans les globules
un composé de Fer et de Potassium ; lequel, après s'être formé
dans le Chyle à l'état **ferreux**, s'est ensuite peroxydé, en impri-
mant au sang la coloration caractéristique d'un **Sel ferrique**.

Ne pense-t-on pas maintenant que cette transformation spontanée d'un composé ferreux en composé ferrique, peut très bien
expliquer comment les Globules blancs peuvent se métamorphoser
dans le sang en Globules rouges ; et comment le fluide chyleux
peut lui-même acquérir une teinte rosée, sitôt qu'il a subi
l'influence de l'air ?

Certes, ce n'est pas dans les conduits chylifères même, pas plus
que dans le canal thoracique et les veines, où l'air n'a pas accès,
qu'une telle transformation doit s'effectuer.

Il est vrai que, dans ces vaisseaux, l'Oxygène entraîné par
les aliments détermine toujours une peroxydation commençante,
qui se révèle par la teinte rosée dont se revêt le Chyle, à mesure qu'il s'éloigne de plus en plus du foyer de la digestion.
Mais on conçoit que l'oxydation doit, dans ces conditions, être
fort incomplète ; et que ce n'est que dans l'intérieur des poumons, c'est-à-dire au contact de l'atmosphère même, qu'elle peut
se produire en toute liberté.

Et c'est pourquoi nous voyons les Globules blancs, si nombreux
dans le sang veineux après l'achèvement de l'œuvre digestive,
diminuer très vite et s'évanouir à la suite d'un simple jeûne un
peu prolongé.

ETAT DU FER DANS LES GLOBULES ROUGES

Les considérations que nous venons d'émettre nous étaient imposées par la nécessité de préparer notre esprit à la compréhension de l'un des phénomènes les plus obscurs et les plus merveilleux de l'organisation.

Il est de connaissance vulgaire que l'Oxygène, introduit par la respiration, a pour destination de brûler insensiblement les parties organiques de nos tissus, constamment régénérés par la nutrition.

On sait de plus que les Globules rouges, les hématies, ont pour principale fonction de se charger de cet Oxygène et de le répartir dans l'économie; puis de rapporter aux poumons l'Acide carbonique et l'eau résultant de nos combustions.

Mais ce qu'on ne sait pas, et ce qu'on ne peut même conjecturer d'une manière satisfaisante, c'est, si l'on peut ainsi parler, le *mécanisme chimique* par lequel s'effectue cette dénutrition, constamment contrebalancée par la rénutrition.

Faut-il en inférer que la vie organique est et sera toujours un mystère impénétrable à l'esprit humain; et que l'homme, pour lequel tout semble exister, ne parviendra jamais à connaître et à formuler les premières lois de son existence?

Certes, ce serait là une bien décourageante constatation.

Nous devons, au contraire, être bien convaincus qu'il n'y a pas de phénomène dans la nature, qui ne soit la conséquence obligée d'un antagonisme éternel entre des forces vives toujours aux prises; et qui ne soit susceptible, par conséquent, de recevoir son explication des lois de la Physique et de la Chimie. Or, il ne paraît pas qu'il y ait autre chose à résoudre, en cette matière, qu'une question de Chimie, plus ou moins ardue.

Si l'on se réfère aux constatations que nous avons faites précédemment, touchant la propriété comburante du Peroxyde de Fer, et à l'existence exclusive de ce dernier dans la cendre obtenue par l'incinération des Globules rouges, on en conclura très probablement que le Peroxyde de Fer est, dans notre pensée, le seul principe constitutif susceptible de provoquer des oxydations dans les diverses parties de l'économie.

Ce serait, en effet, une manière de voir simple et séduisante, si l'on pouvait admettre que le Peroxyde de Fer cède à nos tissus, ainsi qu'il la cède à l'humus, une part de son Oxygène, et se transforme au foyer de la réaction en Carbonate ferreux; lequel, dans les poumons, se décomposerait ensuite spontanément pour régénérer l'Oxyde ferrique, en échangeant l'Acide carbonique fixé contre l'Oxygène fourni par l'air.

Il est certain que cette théorie serait absolument conforme aux principes de la Chimie. Malheureusement, il faudrait pouvoir démontrer, pour la rendre admissible :

D'abord, que l'énergie comburante du Peroxyde de Fer est précisément en rapport avec l'activité de notre dénutrition.

Ensuite, que la quantité d'Acide carbonique exhalé est *quadruple*, volumétriquement, de celle de l'Oxygène qui le remplace :

$$2(FeO,CO^2) + O = Fe^2O^3 + 2CO^2$$

Et enfin, que le Fer, dans le sang veineux, — c'est-à-dire après l'accomplissement des comburations, — est sous forme de Carbonate et non plus à l'état de Peroxyde de Fer.

Or, aucun physiologiste n'ignore :

1° Que l'action comburante du Peroxyde de Fer est beaucoup trop lente pour répondre à l'activité de notre dénutrition;

2° Que l'échange des gaz, dans la respiration, se fait sensiblement en proportions égales;

3° Que le Fer, dans le sang veineux, loin de se présenter sous la forme d'un Carbonate, ne s'y trouve précisément qu'à l'état de Sesqui-oxyde de Fer.

D'où il suit que si le Fer est réellement le principe actif des Globules rouges, ce n'est pas cependant sous la forme de Peroxyde qu'il peut exercer son action sur l'économie.

Pour nous rendre compte de cette action et définir le phénomène chimique qui la provoque, il convient de bien nous rappeler, tout d'abord, quels sont les éléments minéraux, dont la présence a été constatée dans les hématies.

Nous avons vu que l'Hémine est essentiellement constituée par du **Chlore** et de l'**Oxyde Ferrique**, en combinaison avec la matière azotée.

Nous savons de plus que l'Hémoglobine, formée par la globuline et par le pigment, est aussi combinée avec la **Potasse**, dont l'existence peut facilement être révélée par le traitement des produits de l'incinération.

Il existe donc, dans chaque globule, trois principaux éléments susceptibles de réagir. Quelle est la réaction qui peut intervenir entre ces éléments?

A la question ainsi posée la réponse est des plus faciles; car, si l'on fait agir du Chlore sur du Peroxyde de Fer et de la Potasse, inévitablement c'est du **Ferrate de Potassium** qui se produira.

Chlore.	Hydrate de potasse.	Hydrate de potasse.	Bioxyde de potassium.	Acide chlorhydrique.

$$3Cl \ + \ 5(KO,H^2O) \ = \ 2(KO,H^2O) \ + \ 3KO^2 \ + \ 3ClH^2$$

Acide chlorhydrique.	Hydrate de potasse.	Byoxide de potassium.	Oxyde ferrique.	Chlorure de potassium.	Ferrate de potassium.	Eau.

$$3ClH^2 \ + \ 2(KO,H^2O) + 3KO^2 + Fe^2O^3,H^2O = 3KCl \ + \ 2(KO,FeO^3) + 6H^2O$$

L'**Acide Ferrique** (FeO³) est un Oxyde supérieur qui n'a jamais été isolé, par suite de sa tendance à se décomposer sous les influences les plus légères; mais il forme avec la Potasse une combinaison qui a été étudiée par plusieurs Chimistes, notamment par D. Smith (1) et par M. Frémy (2).

On sait que cette combinaison, le Ferrate de Potassium, en solution concentrée, se décompose spontanément par simple addition d'eau, à moins que l'on ait ajouté du *Chlorure de Potassium* à son dissolvant; auquel cas il peut résister même à l'ébullition.

Or, cette particularité nous éclaire immédiatement sur le rôle et la raison d'être du Chlorure de Potassium, qui existe en grande proportion dans le sang et principalement dans les Globules rouges. Dès l'instant, en effet, que ce sel est précisément engendré par les réactions qui forment le Ferrate, sa présence constante dans les globules sanguins devient, par ce seul fait, trop caractéristique, pour ne pas frapper les esprits qui cherchent, comme nous, à se créer une conviction en dehors de tout parti pris.

On peut objecter, il est vrai, que le Chlorure de Potassium étant également un des produits normaux de la digestion, son existence dans le fluide sanguin, et même sa localisation dans les Globules rouges, ne sont pas une preuve absolue qu'il est

(1) *Ann. de chim. et de phys.* (3), t. X, p. 120.
(2) *Ann. de chim. et de phys.* (3), t. XII, p. 365.

encore, dans ces derniers, le produit d'une réaction; mais, outre que l'apparition du Ferrate dans les globules n'est pas subordonnée, ainsi qu'on le verra, à cet unique mode protogénique, il n'en reste pas moins acquis que la présence de ce Chlorure, dans les globules, ne peut que venir à l'appui de la réaction ci-dessus et remplit la seule condition propre à garantir la stabilité du corps qu'elle doit former.

Le **Ferrate de Potassium** a la couleur de l'hémoglobine, et comme elle il se décompose, sous l'action des agents réducteurs, en Oxygène qui se dégage, et en Oxyde ferrique et Potasse hydratée, qui sont, naturellement, plus ou moins transformés ou dénaturés, suivant la nature du réactif employé pour la réduction.

La grande instabilité de ce corps, préparé magistralement, ne permettra jamais d'établir, par des démonstrations de laboratoire, sa parfaite similitude avec le même produit enfermé dans les hématies; car ce dernier, se trouvant protégé contre nos moyens de séparation par des conditions chimico-physiques particulières, se révélera toujours par des caractères chimico-physiques particuliers, qui ne sauraient se manifester identiquement dans une solution où le Ferrate, isolé, est livré sans défense à toutes les actions susceptibles d'altérer sa stabilité.

Il n'est aucun Chimiste qui ne convienne de l'impossibilité absolue de séparer sans altération des globules artériels, pour ensuite l'analyser, le principe actif de l'hémoglobine; et cependant il n'en est aucun qui ne sache pertinemment que ce principe actif est un composé chimique bien défini, caractérisé par la présence du Fer et par celle de l'Oxygène, dans un certain état de combinaison.

Si quelque doute à cet égard pouvait exister encore, il suffirait de rappeler les travaux de Hoppe-Seyler, Preyer, Stokas, Dybkowsky, etc., d'après lesquels il a été définitivement établi :

1° Que l'hémoglobine des globules artériels renferme, chez tous les Vertébrés, *les mêmes proportions de Fer et d'Oxygène faiblement combiné;*

2° Que, malgré les diversités de formes cristallines, de solubilité et de facilité de cristallisation, toutes les espèces d'hémoglobine offrent *les mêmes caractères optiques et les mêmes raies d'absorption;* .

3° Que ces caractères optiques se modifient profondément, *et d'une manière uniforme*, par l'élimination de l'Oxygène et par l'action de tous les agents qui altèrent l'hémoglobine.

Il serait difficile, ainsi qu'on le voit, de mieux préciser que l'Oxygène, fourni par la respiration, entre en combinaison dans les globules rouges, et que le Fer — c'est-à-dire le Peroxyde de Fer contenu dans le sang veineux — est l'unique support de cet élément.

Or, il est évident que le Peroxyde de Fer ne peut pas retenir de l'Oxygène en combinaison sans être, par ce fait, à l'état d'**Acide Ferrique**.

Ce n'est donc pas l'insuffisance de nos moyens de séparation, qui pourrait permettre de supposer que le principe ferrugineux et suroxydé de l'Hémoglobine n'est pas chimiquement identique avec le principe ferrugineux et suroxydé, engendré, dans un simple récipient, par les mêmes éléments de combinaison.

N'est-ce pas, d'ailleurs, un fait bien connu que le Fer combiné avec la matière azotée, le Fer peptonisé par la digestion ou par une simple opération de laboratoire, ne peut être décelé par les réactifs qu'après qu'on a détruit la matière organique qui le détient?

Ne sait-on pas, chose plus singulière encore, que même le Peroxyde de Fer isolé, chauffé avec de l'eau pendant sept ou huit heures et ensuite dissous avec de l'acide acétique ou de l'acide chlorhydrique étendu, n'est décelé par aucune des réactions caractéristiques des Sels ferriques, qu'il eût infailliblement présentées sans cette préalable caléfaction?

Ce serait donc sans aucun fondement que l'on essaierait de tirer, de l'impossibilité matérielle absolue de séparer *intact* le principe actif de l'hémoglobine, un argument essentiellement négatif, qui ne saurait prévaloir un instant contre l'évidence des faits acquis.

Il est acquis, depuis longtemps, que le Fer est l'élément le plus important des Globules rouges, et que sa proportion dans le sang est toujours en rapport avec l'intensité de l'animation.

Il est acquis, de plus, qu'en dehors des *Ferments* divers qu'ensemence notre atmosphère, on ne rencontre à la surface du globe, dans tous les êtres organisés, d'autre agent *naturel* de comburation que le Sesqui-oxyde et le Suroxyde de Fer.

Or, puisqu'il n'y a pas de ferment dans les hématies et puisqu'il est certain, d'autre part, que le Sesqui-oxyde ou Peroxyde de Fer, dès lors qu'on le rencontre tel dans le sang veineux — c'est-à-dire après les comburations — n'intervient pas sous cet état dans l'oxydation de nos molécules, nous sommes bien obligés de conclure que l'unique agent de nos combustions est l'Oxyde supérieur, autrement dit l'**Acide Ferrique**; dans lequel l'Oxygène en excès est tellement sensible aux appels des affinités, qu'il n'y est maintenu qu'en vertu d'une instable combinaison du Potassium, protégée elle-même par un Chlorure.

Nous avons admis préventivement que cette combinaison est formée, dans les globules sanguins, par l'action du Chlore, en nous basant sur ce fait que le Chlore existe toujours en quantité notable dans leur pigment; mais ce serait une erreur de croire que le Ferrate de Potassium n'est pas susceptible d'être engendré par un autre mode de formation, dans l'économie.

Bien que la théorie de la formation de ce sel ne soit pas connue et qu'il n'existe d'autre formule de réaction que celle que nous venons d'établir nous-même, il est facile de discerner que le Ferrate ne se produit que dans les cas où l'eau peut être décomposée en présence de la Potasse, et d'un corps susceptible de s'emparer de son Hydrogène à l'état naissant. Dans ces conditions, l'Oxygène fourni par l'eau se porte sur l'Oxyde de Potassium, et la Potasse, ainsi bioxydée, le transmet par combinaison au Sesqui-oxyde de Fer, qui existe ou qui s'est formé dans le cours de la réaction.

C'est ainsi que, parmi les divers procédés usités pour la préparation du Ferrate, il en est un — celui de Poggendorff — qui consiste tout simplement à soumettre, dans un vase de fonte (et non pas de fer), une solution de Potasse à l'action de l'électricité.

Or, si un simple courant d'électricité suffit, dans ces conditions, pour provoquer la suroxydation du métal et sa combinaison avec la Potasse, il n'y a pas de raison de croire que le même mode électrique de formation ne se rencontre pas, conjointement avec le premier, dans la génération du Ferrate des hématies; puisque par leur incessante transformation de globules artériels en globules veineux, et réciproquement, les hématies sont le siège obligé de réactions inverses continuelles, et se trouvent par conséquent dans un état constant d'électrisation.

Nous verrons même, dans la suite de cette étude, que c'est à cet état permanent d'électrisation des Globules rouges qu'il convient d'attribuer les pulsations automatiques du cœur; c'est-à-dire ces contractions spasmodiques interrompues, que l'illustre Haller, par une intuition de génie, attribuait déjà à une action *irritative* du sang sur les fibres de cet organe.

MÉCANISME CHIMIQUE DE LA RESPIRATION

En résumé, il nous semble, d'après les diverses constatations faites ci-dessus, que nous devons être fondé à dire que le principe actif des Globules artériels, en qui réside tout le secret de l'intense coloration et des réactions de l'hémoglobine, est le **Ferrate de potassium**; lequel, au contact des corps réducteurs, — et par suite au contact des tissus combustibles, — doit se décomposer en ses trois éléments de constitution qui, dans le sang veineux, sont représentés par les corps suivants :

L'Oxygène, qui se transforme en *Acide carbonique* et en *Eau*, par suite de sa combinaison avec le Carbone et l'Hydrogène fournis par la désagrégation de nos molécules;

L'Hydrate Ferrique, ou Sesqui-oxyde de Fer hydraté, qui reste inaltéré dans les hématies, dont il modifie instantanément la coloration;

La **Potasse bioxydée**, qui se forme par l'adjonction de l'Oxygène naissant, dégagé de nos molécules;

Enfin, la **Potasse carbonatée**, ainsi constituée en vertu de la fixation de l'Acide carbonique émané de nos combustions; et qui restera telle, jusqu'au moment où l'affinité de la Potasse bioxydée et du Peroxyde de fer, exaltée par la présence, dans les poumons, de l'équivalent nécessaire de l'Oxygène, régénérera l'Acide Ferrique ou, pour mieux dire, le Ferrate de Potassium, en chassant l'Acide carbonique et la vapeur d'eau.

La théorie de ces transformations peut, croyons-nous, se traduire graphiquement par les deux équations suivantes; dont l'une indique le résultat de la combustion d'une molécule hydrocarbonée, prototype des aliments dits respiratoires; et dont l'autre montre la reconstitution du Ferrate de Potassium dans les hématies, sous l'influence de l'Oxygène introduit par la respiration.

Comburation moléculaire.

TRANSFORMATION DU SANG ARTÉRIEL EN SANG VEINEUX

	SANG ARTÉRIEL		SANG VEINEUX		
Molécule organique.	Ferrate de potassium.	Potasse carbonatée.	Potasse bioxydée.	Hydrate ferrique.

$$C^3H^6O^5 + 6(KO,FeO^3) = 3(KO,CO^2) + 3KO^2 + 3(Fe^2O^3,H^2O).$$

Reconstitution du Ferrate.

TRANSFORMATION DU SANG VEINEUX EN SANG ARTÉRIEL

SANG VEINEUX			INSPI-RATION	SANG ARTÉRIEL	EXPIRATION	
Potasse carbonatée.	Potasse bioxydée.	Hydrate ferrique.	Oxygène de l'air.	Ferrate de potassium.	Acide carbonique.	Eau.

$$3(KO,CO^2) + 3KO^2 + 3(Fe^2O^3,H^2O) + O^6 = 6(KO,FeO^3) + 3CO^2 + 3H^2O$$

On voit par ce tableau que, dans l'acte respiratoire, six volumes ($3CO^2$) d'Acide carbonique expiré sont toujours remplacés par six volumes (O^6) d'Oxygène fourni par l'air ; ce qui confirme le résultat de toutes les expériences physiologiques, qui ont fait connaître, depuis longtemps, que l'échange des gaz, dans l'intérieur des poumons, se fait, volumétriquement, en proportions égales.

L'égalité de pression, qui existe dans toute l'étendue du système sanguin, s'explique difficilement, au premier abord, lorsque l'on considère la grande inégalité de tension, qui semble devoir se manifester dans les différentes parties du fluide en circulation.

Ainsi un homme adulte, à l'état de repos, emmagasine dans ses artères environ 950 litres d'Oxygène en vingt-quatre heures, et il restitue par ses veines, dans le même espace de temps, non seulement un volume égal d'Acide carbonique, mais encore une proportion beaucoup plus considérable de vapeur d'eau. Comment expliquer, dès lors, que la double tension du gaz et de la vapeur ne se traduise pas, dans les veines, par une pression plus accentuée que dans les autres parties de la circulation ?

La raison de cette anomalie apparente est facile à apprécier.

Il suffit, en effet, de jeter un regard sur les deux équations ci-dessus, pour constater que l'Acide carbonique et la vapeur d'eau sont, dans le sang veineux, — de même que l'Oxygène dans les artères, — engagés respectivement dans une combinaison, qui ne leur permet pas de donner carrière à leur extension.

Ce n'est que dans l'intérieur des poumons, et par l'effet de la réaction qui se manifeste avec l'Oxygène, que l'eau et l'Acide carbonique, fixés dans les hématies, reprennent simultanément l'état aériforme, et produisent cette turgescence intérieure du parenchyme, qui, en diminuant les cavités des poumons, devient une des causes déterminantes du mouvement de l'Expiration.

Nous regrettons que le cadre de cette étude ne nous permette pas d'examiner de près le mécanisme en vertu duquel s'effectue la respiration.

Si nous pouvions nous livrer ici à quelques recherches anatomiques, peut-être arriverions-nous à discerner comment les parois thoraciques, liées à l'organe respiratoire par le *vide* existant dans leur cavité, suivent passivement son jeu alternatif; c'est-à-dire la rétraction spontanée des poumons, due principalement à la turgescence des alvéoles; puis leur dilatation, provoquée en grande partie par la pression de l'air; laquelle n'étant pas contre-balancée, dans la cavité du thorax, par la contre-pression de l'atmosphère même, sollicite les poumons à se déployer, et, par suite, la cage thoracique à se dilater.

Ne nous préoccupant que de questions chimiques, nous ferons simplement remarquer ici que, dans l'Expiration, le dégagement spontané, à l'état gazeux, de l'Acide carbonique et de l'eau solidifiés dans les Globules rouges, s'explique très naturellement par l'absorption du calorique latent, que le gaz Oxygène, de son côté, abandonne pour se fixer.

Si ces deux éléments, l'Acide carbonique et l'eau, n'étaient pas réellement combinés dans les hématies, et s'ils n'étaient pas obligés, pour se dégager en changeant d'état, d'absorber la totalité de ce calorique, il est de toute évidence que la fixation continuelle de l'Oxygène, dans l'intérieur des poumons, donnerait lieu, à une augmentation progressive de la chaleur, qui deviendrait promptement mortelle.

C'est la première fois, croyons-nous, que ces faits si intéressants et d'une si grande importance biologique, reçoivent leur explication d'une théorie. Et nous ferons remarquer que cette théorie, qui paraît ne reposer jusqu'ici que sur des considérations toutes personnelles, se trouve rigoureusement confirmée par les travaux antérieurs de nombreux Chimistes, et notamment, par les belles recherches des gaz du sang de MM. Mathieu et Urbain.

On sait, par les vingt-deux analyses de MM. Becquerel et Rodier, que 1,000 grammes de sang humain, ayant une densité moyenne de 1055 (*Grimaux*), contiennent environ 55 centigrammes de Fer métal; soit 58 milligrammes par décilitre.

Si, comme nous l'avons supposé, ce Fer est, dans le sang artériel, à l'état d'*Acide Ferrique*, on conçoit que la proportion, en équivalents, de l'Oxygène *faiblement combiné*, c'est-à-dire de l'Oxygène ajouté au Peroxyde de fer, devra être à la proportion du métal comme $3 : 2 — (2FeO^3 = Fe^2O^3 + O^3)$.

Ce qui veut dire que les deux équivalents de Fer ($Fe^2 = 56$) seront aux trois équivalents d'Oxygène ($O^3 = 24$), comme 0,058 (*poids du Fer, dans un décilitre*) est à 0,0245 (*poids de l'Oxygène faiblement combiné, dans un décilitre*).

Si notre théorie est vraie, on devra donc trouver dans le sang, pour 58 milligrammes de Fer métal, environ 25 milligrammes d'Oxygène en combinaison instable, qui formera, à la température du sang et sous une pression supposée normale, un volume de 21 centimètres cubes, en passant à l'état de gaz.

Or, c'est absolument, ainsi qu'on peut le voir, la quantité trouvée, par MM. Mathieu et Urbain, dans chaque décilitre de sang extrait des artères.

Artère crurale.	Artère carotide.	Artère crurale.	Artère carotide.	Moyenne.
$20^{cc}75$	$21^{cc}25$	$20^{cc}90$	21^{cc}	$20^{cc}975$

En vérité, n'est-on pas obligé de voir dans cette concordance un témoignage matériel de la véracité de nos assertions?

Devant les preuves qui s'accumulent, notre plume devient hésitante, un grand trouble nous envahit.

Comment, en effet, pourrait-on n'être pas ému, en voyant resplendir pour la première fois, dans sa forme tangible et matérielle, ce mystérieux agent de la Vie, que Pithagore et Platon, Descartes et Leibnitz, Broussais et Bichat, tous les philosophes anciens et tous les physiologistes modernes, ont cherché si longtemps, en le foulant aux pieds sans le soupçonner?

Et comment ne pas admirer la Sagesse infinie qui, d'une humble molécule de Fer roulée dans la poussière, a su faire le grand animateur de la création, le promoteur souverain de tous les êtres organisés?

Nous avons vu que, chez les végétaux, la nutrition s'accomplit par l'intermédiaire exclusif du Fer, qui, d'une part, fixe le Carbone aérien en se dissimulant dans la Chlorophylle, et, d'autre part, brûle constamment dans le sol les matières mortifiées, pour en extraire un principe Hydro-carburé; avec lequel l'Hydrogène de l'eau et les deux éléments de l'air sont bientôt transformés en de nouveaux produits d'organisation.

Les végétaux n'ayant pas de condensateurs à alimenter de fluide Calorique, ne sont pas soumis comme nous à l'étroite nécessité de se consumer; et c'est pourquoi, dans toutes leurs parties où une action vitale se manifeste, on voit s'accumuler des matériaux, qu'aucun agent n'a mission de désassimiler.

Cette absence de combustion, dans les parties vertes des végétaux, implique forcément l'absence de tout dégagement de chaleur; aussi ne les voyons-nous se développer qu'à la condition de recevoir de l'extérieur tout le Calorique latent, que l'Oxygène et l'eau leur empruntent continuellement pour se dégager.

Dans l'organisme de l'homme et des animaux, c'est absolument le contraire qui se produit. Chez eux, toute matière organique qui s'assimile est invariablement condamnée à se dissiper en vapeur et en gaz, en ne laissant comme résidu que de rares produits d'élimination, qui ont pu être préservés de la combustion par leur indifférence pour l'Oxygène, ou par une évacuation trop prématurée.

L'oxydation des matériaux commence, on peut le dire, immédiatement après l'absorption. Les composés ternaires, tels que les Fécules, les Sucres, les Alcools, qui ne peuvent fournir à l'économie que du Calorique, sont bientôt expulsés, par le jeu des poumons, sous la double forme de gaz et de vapeur d'eau. Quant aux matériaux albuminoïdes, leur désagrégation est d'autant plus lente qu'ils sont plus oxygénés et plus azotés.

L'oxydation de ces derniers corps présente ce caractère particulier qu'elle est, tout à la fois, la cause essentielle et déterminante de tous les phénomènes de nutrition et de dénutrition de l'économie; aussi pourrait-on admettre pour eux deux périodes distinctes d'oxydation : celle qui les prépare à l'assimilation en les faisant passer à l'état insoluble; et celle qui détermine ensuite leur expulsion, en les transformant successivement, par l'enlèvement graduel du Carbone et de l'Hydrogène, en divers produits d'élimination de plus en plus azotés, qui se réduisent finalement à l'état d'*Urée*.

On conçoit que la matière azotée, qui a été solubilisée par la digestion pour s'endosmoser avec les liquides, ne peut s'assimiler à la trame de nos tissus qu'à la condition d'être ramenée à l'état solide ; de façon à devenir réfractaire à l'action des humeurs dont elle est baignée.

C'est ainsi que chaque peptone en particulier, tout en conservant son autonomie et son lien d'association avec la matière minérale qui l'accompagne, se solidifie peu à peu dans le sang, sous l'action oxydante de ses globules, et finit par se transformer en un produit nouveau, plus oxygéné et plus azoté, dont chaque molécule isolée va, par affinité, se fixer aux tissus où des molécules de même nature l'ont précédée.

Il est certain que chaque tissu obéit à sa loi d'assimilation, qui le différencie des autres tissus par sa constitution et par sa structure ; mais on ne peut douter, d'autre part, que la distribution, dans l'économie, de tant de matériaux plastiques hétérogènes ne soit le résultat de la cohésion qui sollicite, dans tous les corps, les molécules *similaires* à s'agréger.

Cette attraction élective des molécules, que nous voyons à chaque instant se manifester dans la cristallisation des corps en dissolution, et qui, dès le premier moment de la création, s'est imposée comme le fondement de l'histogénie à tous les organismes de la nature, nous explique immédiatement, de la façon la plus simple et la plus correcte, comment une foule de corps organiques et minéraux, que nous introduisons dans notre économie, sont invariablement expulsés sans avoir rien fourni à l'organisation. Car, dès l'instant que ces corps ne rencontrent pas de similaires organisés, dans la trame physiologique, on conçoit que leurs molécules, n'étant sollicitées par aucune attraction, ne participent pas à la rénutrition de l'économie.

Et c'est ainsi que, par la simple logique des choses, on arrive à comprendre aisément pourquoi le Plomb, le Cuivre, le Mercure, le Baryum, le Zinc, le Manganèse, la Gélatine, le Phosphate ferrique, le Biphosphate de Chaux, etc., — quelle que soit d'ailleurs la forme chimique ou pharmaceutique qu'on leur impose, — ne peuvent rien fournir à l'assimilation et ne sont susceptibles, en aucun cas, de se fixer en nous et de faire partie intégrante de nos tissus.

C'est donc bien à l'attraction élective des similaires qu'est due cette admirable dispensation des matériaux nutritifs, qu'un génie inconnu semble classer sans cesse, pour réparer avec discernement, dans chaque tissu en particulier, les pertes occasionnées par nos combustions.

Nous ne saurions, pour notre part, concevoir autrement le mécanisme mystérieux de l'Assimilation; mécanisme qui nous est dévoilé, d'ailleurs, par un phénomène des plus curieux, dont la cause s'est obstinément dérobée jusqu'ici aux investigations des Physiologistes.

Nous voulons parler de la Coagulation spontanée du Sang, qui se produit invariablement, dans l'état normal, peu après que ce dernier ne circule plus; soit qu'il ait été extravasé hors de ses vaisseaux, soit que l'arrêt final des contractions du Cœur l'ait immobilisé dans ses vaisseaux même.

Après la digestion, les Peptones solubles et essentiellement phosphatées, qui ne sont pas aptes à se précipiter par combinaison, sont déversées dans le fluide sanguin, où l'action oxydante du Fer des Globules rouges ne tarde pas, ainsi que nous l'avons exposé plus haut, à diminuer progressivement leur solubilité, pendant qu'elles sont entraînées dans une rapide circulation.

Il en résulte que la Fibrine ainsi formée, et constamment brassée dès son état naissant, reste moléculairement divisée dans le véhicule; condition indispensable, d'ailleurs, pour que l'affinité puisse chimiquement s'exercer entre les molécules ambulantes et leurs similaires déjà fixées.

Il est facile de remarquer, en effet, que c'est toujours par l'adjonction successive, individuelle pour ainsi dire, de molécules tout à fait isolées à une molécule initialement immobilisée et servant de base, que les corps, dans les dissolutions comme ailleurs, peuvent se former. Et c'est pourquoi cette même attraction élective des similaires, — qui ne peut en quelque sorte aboutir, dans le sang en circulation, entre les molécules véhiculées, — ne tarde pas à se manifester avec énergie, dès qu'elle ne se trouve plus combattue par le mouvement.

Il suffit, dans ces conditions, qu'un arrêt partiel ait pu donner naissance à un premier noyau, pour que par la continuité du repos, et plus rapidement encore par le déplacement subséquent du liquide autour du noyau, ou du noyau lui-même dans le liquide, toutes les molécules qui entrent dans la sphère d'attraction viennent le grossir.

Et c'est ainsi que, — par un phénomène presque identique à celui qu'il nous est si facile de provoquer, en rendant insoluble la matière albuminoïde du lait pour faire ce que l'on nomme le *Lait caillé*, — nous voyons se former le *Caillot* sanguin; lequel, en nous rendant spectateurs de l'agréga tion des matériaux plastiques élaborés, — autrement dit du mou vement d'attraction et de cohésion dû à l'affinité électiv e des similaires, — nous initie, de la manière la plus curieuse, au mécanisme secret de l'Assimilation.

Quant à celui de la fonction inverse, il nous est également dévoilé par le Tableau suivant, qui indique les principales trans-formations que subit successivement dans l'économie la matière protéique des aliments, ainsi que la composition des produits de ces éphémères transformations.

Constitution élémentaire des principaux produits de transformation de la matière azotée.

		Carbone.	Hydrogène.	Azote.	Oxygène.	Éléments combustibles C. et H.	Éléments non combustibles Az. et O.
MATIÈRE PROTÉIQUE	Albumine	54,30	7,10	15,80	21 »	61,40	36,80
PRODUITS D'ORGANISATION	Globuline	54,20	6,90	16,50	22 »	61,10	38,50
	Caséine	54,20	6,90	16,50	22 »	61,10	38,50
	Fibrine	52,60	7 »	17,40	21,80	59,60	39,20
	Osséine........	50 »	6,50	17,50	26 »	56,50	43,50
PRODUITS D'ÉLIMINATION	Créatine......	32,87	12,33	19,17	32,87	45,20	52,04
	Sarcine	30,60	4,08	56,62	8,16	34,68	64,78
	Xanthine.....	28,30	3,77	52,83	15,09	32,07	67,92
	Acide urique..	26,31	3,50	49,12	21,05	29,81	70,17
PRODUITS D'EXCRÉTION	Urée	13,04	8,69	60,86	17,39	21,73	78,25
PRODUITS DE RÉDUCTION	Cérébrine	68,45	11,27	4,61	15,67	79,72	20,28
	Lécithine	64,27	11,40	1,80	18,73	75,67	20,53

On voit par ce tableau que la matière protéique des aliments, dont l'Albumine est le prototype, commence à se modifier dès son introduction dans l'économie; et que c'est bien effectivement par la lente déperdition de ses éléments combustibles, qu'elle forme d'abord tous les matériaux d'organisation ; lesquels se transforment ensuite, et toujours par le même phénomène d'oxydation, en produits d'élimination de moins en moins carbonés; puis, en dernière analyse, en un produit d'excrétion, l'*Urée*, qui représente le dernier terme de décomposition que la matière plastique puisse subir, avant d'être expulsée de l'économie.

Ce tableau nous apprend, en outre, une particularité d'une très grande importance physiologique : c'est que les composants de la pulpe nerveuse, la *Cérébrine* et la *Lécithine*, sont formés non pas, comme les autres produits, par oxydation, mais au contraire par réduction; ainsi qu'en témoigne au premier coup d'œil leur très grande pauvreté en Azote, et leur constitution essentiellement hydro-carburée.

Il résulte donc de cette composition que le Cerveau, la Moelle épinière et les Nerfs sont formés d'un tissu spécial, particulièrement réfringent et mauvais conducteur; ainsi que doivent l'être, d'ailleurs, des organes condensateurs, essentiellement destinés à *canaliser* le Fluide nerveux.

C'est évidemment par l'effet de la propriété réductrice de ce dernier, que les matériaux, qui entrent dans la composition de la pulpe nerveuse, sont d'abord rendus réfractaires à son action, et ensuite constamment protégés de la combustion par la continuité de cette action même. Aussi, voyons-nous toujours, dans l'amaigrissement, les parties molles diminuer, sans que le système nerveux lui-même, — qui se distribue cependant dans tous les foyers de nos réactions, — soit sensiblement altéré par cette anormale dénutrition.

La combustion de la matière organique remet, naturellement, en circulation toutes les Bases et tous les Sels qu'elle retenait en combinaison; aussi ne voyons-nous pas la nécessité de faire intervenir, comme la plupart des physiologistes, l'Acide lactique ou tout autre agent, pour expliquer une élimination dont la cause chimique est si simple et si facile à déterminer.

Il résulte, en effet, de nos observations que la Nutrition minérale, autrement dit l'assimilation et la désassimilation des corps minéraux, est régie, chez l'homme et les animaux, par les trois grandes Lois suivantes :

I. — Aucun élément minéral ne peut faire partie intégrante de nos tissus, s'il n'a son similaire organisé dans l'économie.

II. — Aucun élément minéral, ayant son similaire organisé dans l'économie, ne peut faire partie intégrante de nos tissus,

s'il n'est combiné préalablement avec une matière protéique nutrimentive.

III. — Aucun élément minéral, faisant partie intégrante de nos tissus, ne peut se désassimiler aussi longtemps que la matière organique, qui le détient, fait elle-même partie de l'organisation.

Cette dernière Loi, qui est la conséquence de la deuxième, n'admet pas, ainsi qu'on le voit, l'existence de prétendus agents déminéralisateurs de l'économie ; aussi pourrait-elle sembler infirmée par l'Ostéomalacie et le Rachitisme, si ces deux affections n'étaient pas simplement engendrées par un trouble chimique de l'estomac, qui chasse les Phosphates terreux, rendus inassimilables, par les urines ; pendant que la matière protéique non altérée continue à fournir à l'économie ses matériaux d'organisation.

Sauf ce cas spécial, qui relève exclusivement de la deuxième loi, il est facile de remarquer que, dans l'état normal comme en toute circonstance pathologique, l'expulsion des corps minéraux s'accompagne toujours d'une expulsion parallèle d'Urée ou de toute autre matière azotée, soit parmi les produits de l'expectoration, soit plus habituellement dans les *Excreta*.

ÉLECTRICITÉ ET FLUIDE NERVEUX

Nous venons de parler du *Fluide nerveux* et de son isolement dans l'économie. Or, nous pensons qu'il n'est pas superflu, pour l'intelligence de cette étude, que nous cherchions à nous édifier, non seulement sur son siège et son origine, mais encore sur sa nature et sur le caractère de sa fonction.

Il est vrai que nous n'arriverons à ce résultat qu'en traitant tout d'abord une question de Physique étrangère à notre sujet; mais du moins le ferons-nous très succinctement, sans chercher à orner notre digression de mouvements d'Ether, de transformations d'Energie ni de longueurs d'Ondes.

L'Analyse spectrale de la Lumière nous apprend que le Calorique normal — qui, suivant l'activité de son émission, donne ou ne donne pas à notre cerveau l'illusion de cette lumière — est un fluide complexe, matériel, formé d'une infinité d'éléments subtils; lesquels, lorsqu'ils sont en état de rayonnement, c'est-à-dire de projection, à travers la masse transparente d'une substance, peuvent se diviser, par leur réfraction, en plusieurs faisceaux de *Rayons*, diversement colorés.

A ne considérer que les apparences, ces faisceaux colorés, ou plutôt colorants, sont au nombre de sept; mais il est facile de discerner qu'il n'en existe que trois appréciables pour nous, en réalité : le faisceau Bleu (B), le faisceau Jaune (J) et le faisceau Rouge (R); lesquels ne se sont pas si exactement séparés qu'ils n'empiètent les uns sur les autres, en produisant, par une délicate dégradation, toutes les nuances intermédiaires du *Violet* (RB), de l'*Indigo* (RB²), du *Vert* (JB) et de l'*Orangé* (JR).

Cette trilogie de rayons nous explique pourquoi le Rouge est le complémentaire obligé du Vert, qui est formé par la réunion des rayons Bleus et des rayons Jaunes; de même que le Bleu est le complémentaire de l'Orangé, qui est constitué par le faisceau Jaune et le faisceau Rouge; et que le Jaune a pour complément le Violet, formé par l'association du faisceau Rouge et du faisceau Bleu.

Quant à l'Indigo, qui est formé d'un équivalent de Rouge et de deux équivalents de Bleu, il est évident qu'il ne peut avoir pour complémentaire que le *Citrin* (RJ^2) ; dès lors ce dernier se trouve constitué par un équivalent de Rouge et deux équivalents de Jaune.

$$\underbrace{RB^2}_{\text{Indigo.}} + \underbrace{RJ^2}_{\text{Citrin.}} = \overbrace{2(RJB)}^{\text{Lumière blanche.}} \text{ ou } \odot^2$$

Ceci posé, nous devons rappeler qu'il existe une grande Loi, base de l'Electricité et du Magnétisme, suivant laquelle « *Les courants de même nom se repoussent et les courants de noms contraires s'attirent* ». Or, comme d'après notre théorie, le Magnétisme et l'Electricité ne sont que des manifestations différentes du Calorique, nous pouvons dire, en changeant les termes, que : « LES ÉLÉMENTS (*les rayons*) DU FLUIDE CALORIQUE S'ATTIRENT OU SE REPOUSSENT, SUIVANT QU'ILS SONT DE NATURE DIFFÉRENTE OU DE NATURE SEMBLABLE. »

Cette loi, qui explique très bien ce qu'on nomme l'Interférence — puisque le choc des rayons similaires entre eux détermine leur dispersion, et par conséquent leur obscurité, — nous paraît la raison unique et fondamentale de la Répulsion et de l'Attraction ; aussi pourrait-on affirmer qu'il ne se produit pas un seul phénomène dans la nature, qui ne soit la résultante obligée de son application.

Il est une autre loi, bien connue aussi sous le nom de Loi de Kirchhoff, en vertu de laquelle « LES CORPS QUI ÉMETTENT UNE CERTAINE RADIATION SONT APTES ÉGALEMENT A L'INTERCEPTER ».

Ce qui veut dire, en d'autres termes, que chaque corps absorbe et emmagasine dans sa substance le même choix exclusif de rayons que celui qu'il fournit d'autre part, par désagrégation moléculaire ou par émission. Disons, pour arriver encore à plus de précision, que chaque corps n'absorbe normalement, et par suite ne restitue, qu'une collection de rayons tout à fait spéciale, *qui lui est propre.*

C'est ainsi, par exemple, que l'eau qui, vue en masse, apparaît toujours verte par transmission, — c'est-à-dire par l'émission de ses rayons propres, — n'absorbe précisément que les rayons verts ; ainsi qu'on peut le voir, quand la brume de l'horizon décompose la clarté de la Lune ou la radiation du Soleil, et ne laisse arriver à nous que la dominante des rayons rouges, par Transférence.

C'est ainsi que le Cuivre rouge, qui, en feuille amincie, nous

procure par transmission sa nuance verte, colore la flamme en
vert en se désagrégeant par la combustion; que le Soufre, qui est
jaune citrin à la réflexion, brûle avec une flamme dans laquelle
prédominent les rayons bleus; et enfin que le Sodium, qui colore
la flamme du chalumeau si fortement en jaune, emmagasine si
exclusivement les rayons de même couleur, que sa vapeur, transparente pour tous les autres rayons, devient tout à coup opaque
par absorption, dès qu'on projette à travers sa masse un faisceau
de lumière jaune.

Nous devons donc conclure de ces exemples, qu'il serait superflu de multiplier, que les corps n'absorbent chacun, et ne peuvent
normalement absorber, qu'une certaine collection de rayons plus
ou moins complexe, qui est rigoureusement la complémentaire,
— conformément à l'ancienne théorie de Newton, — de la collection réfléchie par eux.

Cette constatation et l'immense variété des nuances, dont nous
paraissent revêtus les objets, nous permettent de dire qu'il n'existe
pas, dans tout l'Univers, deux corps chimiquement différents, qui
décomposent de la même façon le Calorique incident. D'où il
suit, naturellement, que chaque corps distinct est toujours,
par ce fait, **dans un état distinct de caloricité**; puisque la
collection de rayons, exclusivement transmissibles dans sa substance, diffère par le choix et par la quantité de toutes les collections de rayons afférentes aux autres corps.

Cette conclusion, qui nous est imposée par le simple raisonne-
ment, peut d'ailleurs être confirmée par une foule d'expériences
chimiques et mécaniques.

Si, par exemple, nous frottons réciproquement un bâton de
résine et un morceau de drap, — dans le but de combattre dans
chacun d'eux la force attractive de cohésion, inhérente à toute
matière, — nous savons que, par le seul effet de ce frottement et de
l'ébranlement moléculaire qui en résulte, les deux corps vont se
dilater progressivement; ce qui indiquera que leur capacité intermoléculaire grandit, à mesure que l'attraction intermoléculaire
est diminuée.

La capacité intermoléculaire augmentant, chaque corps absor-
bera donc, aux dépens du milieu où il est placé, un excès de rayons
transmissibles dans sa substance.

Et nous obtiendrons, en définitive, deux corps anormalement
calorifiés, qui ne seront plus en équilibre avec leur milieu, et qui
tendront d'autant plus à y revenir que la force de cohésion,

momentanément combattue par le frottement, continue à agir
sur les molécules et diminue progressivement les espaces trop
agrandis.

Si, à ce moment-là, nous touchons les parties frottées, le
Calorique ainsi rejeté, et par suite en état de rayonnement,
repoussera dans nos nerfs notre propre rayonnement; ce qui se
traduira, dans notre cerveau, par la sensation spéciale appelée
Chaleur. Car la Chaleur, de même que la Lumière, n'est
évidemment autre chose qu'une illusion, un simple phénomène
physiologique, résultant du refoulement de notre propre rayonnement, par l'effet répulsif du rayonnement plus intense d'un
autre corps.

Toute la distinction, entre les manifestations Calorifiques et
Lumineuses, est que, dans l'immense quantité de rayons qui se
croisent autour de nous, ceux qui ont été projetés hors des corps
avec assez d'énergie pour exercer la propriété lucigène à toute
distance, perdent subitement cette propriété, toutes les fois qu'ils
n'atteignent nos nerfs qu'après leur absorption ; c'est-à-dire en se
diffusant préalablement à travers nos membranes extérieures.
Tandis que si ces mêmes rayons passent, sans diffusion, à travers
les parties transparentes des yeux, de façon à frapper nettement
les nerfs, qui s'épanouissent **à nu** dans la chambre obscure, le
rayonnement de ceux-ci, refoulé sans altération, donne immédiatement à notre cerveau la fidèle répercussion mécanique de
cette action.

C'est-à-dire qu'en vertu de la première Loi énoncée plus haut,
les rayons incidents, jaunes, rouges ou bleus, repoussent dans
les Nerfs les rayons *de même nature* et provoquent ainsi, soit,
par un refoulement partiel, l'impression imagée d'une forme et
d'une nuance; soit, par le refoulement général, celle de l'éblouis-
sement ou de la blancheur (1).

L'impression de chaleur, que nous éprouverons au contact des
parties frottées, ne sera donc que le témoignage sensationnel du
rayonnement, relativement peu actif, du fluide Calorique anormalement emmagasiné ; et nous ne serons pas édifiés autrement sur
les caractères propres du phénomène. Mais si, au lieu de les toucher

---

(1) C'est par l'effet de ce refoulement que ceux de nos nerfs optiques qui
ont été trop impressionnés par l'émission ou la réflexion lucigène d'un corps,
ne sont plus affectés, pendant quelques instants, que par les autres rayons,
formant la collection dite complémentaire, qui peuvent exister dans la radiation réfléchie ou émise par d'autres corps.

du doigt, nous présentons respectivement les parties frottées au Galvanomètre, il nous sera très facile de constater que la Résine et le Drap avaient bien réellement absorbé des rayons différents ; puisqu'en se rencontrant par les fils conducteurs, *ces rayons reconstituent instantanément du Calorique normal.*

Lorsque l'on fait tourner une plaque de verre entre des coussinets de cuir qui frottent ses surfaces, le Verre et le Cuir, dilatés par le frottement, empruntent aussitôt, au milieu aérien qui les environne, un excès de rayons, dont le dégagement se traduira ensuite, au contact des doigts, par la même sensation de chaleur dont nous venons de parler plus haut.

Dans ces conditions, nous n'éprouverons, comme ci-dessus, que l'effet purement nerveux d'un rayonnement plus ou moins actif. Mais si, pendant la durée même du frottement, nous avons soin de soutirer respectivement, par des fils conducteurs, le gain des rayons acquis à mesure qu'il se dégage, il nous sera dès lors très facile de constater que le Verre et le Cuir, en se dilatant, emmagasinent réellement des rayons distincts ; puisqu'en se rencontrant par les fils conducteurs, *les deux fluides ainsi séparés régénèrent subitement du Calorique normal.*

L'Acide sulfurique et le Zinc, étant très différents par leur constitution, ne doivent pas, à beaucoup près, se trouver dans le même état de caloricité. Nous pouvons aisément nous en assurer, en mettant en action leur affinité.

Si nous les mettons en contact dans une éprouvette, nous verrons, en effet, une réaction se produire immédiatement. C'est-à-dire que les molécules de chaque corps se détacheront, et que leurs atomes constitutifs se grouperont entre eux, suivant un nouvel ordre déterminé, de façon à constituer d'autres molécules.

Or, on conçoit qu'à mesure que s'effectue la désagrégation, le Calorique latent mis en liberté d'une et d'autre part, — lequel est essentiellement transmissible, d'après la loi, dans la substance qui l'avait emmagasiné ; mais non pas, du moins en totalité, dans le nouveau corps (le *Sulfate de zinc*), ni dans la substance du corps adverse, — tendra à se dégager respectivement à travers la masse absorbante non attaquée.

Chaque masse, dilatée par cette invasion, s'échauffera donc très rapidement ; ce qui veut dire que, sans être *chaude* en réalité, elle nous produira une sensation, dite de chaleur, proportionnelle à l'activité de l'écoulement des rayons transmis.

Pour employer le terme technique, nous n'assisterons, dans ces conditions, qu'à un simple « dégagement de chaleur ». Mais, si nous avons soin d'amorcer à chacun des corps un fil conducteur, de façon à leur soutirer respectivement le Calorique transmis à mesure qu'il se dégage, l'émission calorifique disparaîtra ; mais, d'autre part, il nous sera loisible de constater que l'Acide sulfurique et le Zinc renfermaient bien réellement des rayons distincts ; puisqu'en faisant converger ces derniers, par le simple rapprochement des pointes conductrices, *nous les voyons se combiner aussitôt pour reconstituer du Calorique normal.*

Nous pourrions multiplier les expériences, et passer ainsi en revue tous les modes de frottement, de rotation, de dilatation, d'ébranlement moléculaire, d'analyse spectrale et de réaction ; mais nous pensons que les trois exemples, que nous venons de citer, peuvent suffire ici pour nous permettre de constater la réalité de la théorie de Newton, rigoureusement confirmée aujourd'hui par la Loi de Kirchhoff, en vertu de laquelle tous les corps décomposent le calorique incident, pour n'absorber chacun — et n'émettre par conséquent, — qu'une certaine collection de rayons transmissibles dans leur substance.

Ce qui nous autorise à admettre, logiquement, que l'Electricité — ce Fluide à deux facteurs, si Positif dans ses effets et si obstinément Négatif en ses confidences, — n'est, en réalité, que du fluide Calorique décomposé par l'absorption des corps, et dont les éléments, séparés en deux groupes non similaires, tendent à reformer du Calorique normal, en vertu de la grande Loi que nous avons rappelée plus haut.

Et maintenant, si nous considérons, d'autre part, que les rayons, emmagasinés *entre les molécules* de chaque corps, sont nécessairement les complémentaires de ceux qui ont été réfléchis — autrement dit repoussés, en vertu de la même Loi — par leurs similaires localisés *entre les atomes*, nous saurons aussi pour quelle raison les corps, abandonnés à eux-mêmes, ne donnent jamais lieu à aucune manifestation d'Electricité ; puisque les fluides qui sont en eux, emmagasinés d'une et d'autre part entre les molécules et les atomes, sont nécessairement des complémentaires, et représentent par conséquent tous les éléments du Calorique normal reconstitué.

Si nous pouvions prolonger cette digression, peut-être nous

serait-il donné d'entrevoir que c'est uniquement dans cet isolement de fluides décomposés, entre les atomes, que réside, en définitive, tout le secret si longtemps cherché des affinités.

Car, il n'est pas besoin de réfléchir longtemps pour comprendre que, de même que la Répulsion apparente des molécules, qui tient dans l'Univers les astres écartés, n'est que la traduction de la force expansive, ou, si l'on aime mieux, de l'impénétrabilité réciproque absolue, des rayonnements des fluides similaires ; de même l'Attraction — c'est-à-dire la Pesanteur, la Gravitation sidérale, la Cohésion moléculaire, l'Affinité, — qui paraît inhérente à la matière même, est fonction de rayonnement attractif des divers éléments, non similaires entre eux, du fluide Calorique décomposé.

Après les diverses constatations que nous venons de faire, n'est-il pas logique de professer que la Nervosité et l'Electricité ne sont vraisemblablement que des manifestations, à peu près identiques, du Calorique ?

Pouvons-nous supposer encore, en notre orgueil naïf, qu'il existe dans nos tissus un fluide spécial, différent de celui que dégagent nos réactions, et dont les éléments circulent sans obstacle entre toutes les molécules de la Matière ?

Mais s'il en est ainsi, si le Fluide nerveux n'est pas du Calorique, de quelle essence est donc ce principe subtil, qui ressemble à tel point au fluide Calorique, que seul l'invisible choc de leurs éléments a pouvoir d'engendrer, en nous, la chaleur des foyers, la clarté des soleils, le bruit de la parole, l'impression du bien-être et de la douleur, en un mot toutes ces variétés infinies d'illusions individuelles, de mirages trompeurs de notre cerveau, qui émanent en apparence de la matière ; mais qui s'évanouissent subitement, dès que par accident notre propre rayonnement ne fonctionne plus ?

AGENT VITAL

Et maintenant, dirons-nous encore, à quoi servent nos combustions?

Pourquoi cette distinction si marquée entre les Végétaux, qui acquièrent toujours sans que rien se consume, et les Animaux, qui ne peuvent croître et se conserver qu'à la condition absolue de brûler constamment ce qu'ils ont acquis?

Sous l'influence d'une sorte de nervosité, développée par les rayons solaires, les végétaux peuvent vivre, grandir, c'est-à-dire absorber et élaborer tous les éléments qui leur sont fournis par les divers milieux où ils sont placés; mais ils n'ont pas pour cela la perception de l'extérieur.

Inconscients de ce qui les entoure, ils concentrent leur dynamie dans la Nutrition; et leur résistance aux agents physiques dépend uniquement de la somme de Calorique emprunté à l'extérieur, de la conductibilité plus ou moins grande de leurs tissus.

Chez les Animaux, au contraire, la vie organique ou de Nutrition a pour corollaire obligé la Dénutrition; c'est-à-dire que tous les matériaux, qui concourent à l'entretien et au développement de leur organisme, doivent inévitablement se renouveler, après un stage plus ou moins long dans l'économie.

L'Animal est le seul être matériel qui ait quelque puissance sur la Matière; le seul qui possède le sentiment de son existence et qui manifeste l'instinct de la conserver.

Au lieu de supporter, comme le Végétal, aveuglément et passivement, le choc des puissances extérieures, l'Animal réagit contre elles, les élude ou les asservit, sous l'impulsion d'une force cachée qui anime sa masse inerte, en lui prêtant la liberté d'action et la volonté.

Mais où donc puise-t-il cette force mystérieuse?

Serait-elle, ainsi qu'on l'a dit, l'influx immédiat d'un principe surnaturel et d'essence divine; ou bien devons-nous la considérer comme une manifestation, purement physique, du fluide Calorique émané de ses combustions?

Oui, nous venons de le dire; c'est à leur combustion que les animaux doivent la force occulte qui les anime et qui leur donne à divers degrés l'intelligence et la volonté.

C'est par la consomption de sa propre substance, que l'Homme emmagasine, en ses centres nerveux, le fluide invisible et matériel, — agent matériel de son âme immatérielle, — qui lui donne la faculté, presque extra-physique, de pouvoir s'isoler dans la Création et d'assister, conscient, aux merveilleux spectacles de l'Univers.

La façon dont le fluide nerveux s'accumule et se manifeste n'est pas aussi difficile à déterminer qu'on pourrait le croire au premier abord ; et nous pensons qu'il n'est pas absolument exigé de recourir aux rêveries des Anciens, ni de se laisser entraîner en des transcendances métaphysiques, pour expliquer bien des phénomènes vitaux, que les uns considèrent trop exclusivement comme des actes psychologiques, et que d'autres ne craignent pas de nous présenter comme le simple effet de quelque mode d'*Ondulations* ou de *Vibrations*.

En attendant, comme nous ne voulons pas nous créer des inimitiés, parmi les partisans des théories nouvelles, nous laisserons en suspens cette intéressante question, pour revenir à l'objet de notre travail qui est, présentement, d'examiner les conséquences physiologiques des combustions provoquées par les Hématies

Ce mot de « Combustion », qui revient avec tant de fréquence sous notre plume, a le grave défaut de trop rappeler à l'esprit le phénomène de l'Ignition ; aussi devrait-on l'appliquer exclusivement aux *Combustions vives*, et réserver pour les *Combustions lentes* le terme spécial de Comburation.

Par cette distinction, on saurait désormais qu'il ne faut entendre, par Combustions, que les combinaisons caractérisées par une *vive réaction lumineuse à produits volatils ;* combinaisons non électrogènes, bien différentes, physiquement, de celles qui s'effectuent sans dégagement de lumière ; et non moins distinctes, chimiquement, d'une foule de réactions dites pyrogénées.

Pour qu'une Combustion vive se manifeste, il faut, en général, qu'il se présente deux conditions, en dehors de celles qui mettent en jeu les affinités.

Il importe d'abord que l'un des corps au moins — et l'on comprend que c'est habituellement l'Oxygène — soit préalablement à l'état de gaz ; afin de pouvoir dégager une très grande quantité de Calorique latent, au foyer de la réaction.

Il faut, de plus, que les corps employés soient mauvais con-

ducteurs; de façon qu'ils ne puissent pas soutirer respectivement — *et transformer par suite en Electricité* — le Calorique
décomposé, que leurs molécules désagrégées doivent abandonner,
au foyer de la réaction, pour reconstituer du Calorique normal.

Il peut arriver cependant que, même ces conditions étant
remplies, la Combustion s'effectue sans dégagement de lumière,
et que par conséquent l'Ignition se transforme en une simple
Comburation. C'est, en particulier, ce qui se produit lorsqu'un
troisième corps, incombustible et bon conducteur, se trouve intimement engagé au foyer de la réaction.

C'est ainsi que tous les combustibles, rendus humides, entrent
en ignition très difficilement; par l'effet de la soustraction d'une
grande partie du fluide dégagé, qui passe à l'état latent dans la
vapeur d'eau.

C'est ainsi qu'à une certaine époque géologique, les végétaux
se carbonisèrent subitement, en formant la Houille; par suite de
la vaporisation spontanée de leur eau de végétation.

Enfin — et c'est précisément cette particularité qui nous inté-
resse, — c'est ainsi que, dans leur simple comburation, nos propres molécules se désagrègent, sans pouvoir donner lieu à aucune
manifestation de *chaleur;* par suite de la présence, dans nos tissus,
d'une quantité infinie de rhéophores nerveux, qui soutirent et
emmagasinent sans cesse, en nos centres condensateurs, tout le
Calorique latent émané de nos réactions.

Cette dernière assertion, qui semble au premier abord très
paradoxale — étant donnée l'élévation de la température du corps
humain, — n'est cependant que l'expression absolue des faits.

Chacun sait que le Système nerveux se compose essentiellement de deux sortes de Nerfs : les Nerfs de la vie organique, ou
Nerfs gris, qui régissent ou semblent régir toutes les fonctions
en quelque sorte végétatives de l'organisme; et les Nerfs de la
vie animale, ou *Nerfs blancs*, qui régissent les mouvements,
la sensibilité, l'exercice des sens, en un mot tout ce qui détermine une sensation cérébrale ou une manifestation de la volition.

Or, nous croyons avoir reconnu, par l'observation, que les
Nerfs de la vie organique (*Nerfs gris*) ont pour principale mission
d'absorber, et de déverser au condensateur Cérébro-spinal, tout
le calorique latent émané des comburations; et que les Nerfs de la
vie animale (*Nerfs blancs*) ont, au contraire, reçu pour destination de distribuer à l'économie, et de faire rayonner à l'extérieur

pour nous procurer, par les *Sens*, la perception variée des autres rayonnements, tout le Fluide emmagasiné par les précédents.

Nous avons donc, en réalité, deux Systèmes distincts de Nerfs : les **Nerfs Absorbants** et les **Nerfs Rayonnants**; et ce qui le démontre avec évidence, c'est que, si l'on coupe un rameau de nerfs de la vie organique, la température s'élève immédiatement, dans toutes les parties où il se distribue; par suite évidemment de l'accumulation immédiate du Calorique, qui n'est plus absorbé par le rameau coupé. Tandis que, si l'on résèque un faisceau de nerfs de la vie animale, c'est le phénomène inverse qui se produit; par la raison que le rayonnement des Nerfs blancs se trouve alors instantanément supprimé, en vertu de leur résection, dans toutes les parties où ces nerfs se ramifiaient.

Cette particularité si intéressante nous permet d'entrevoir aujourd'hui quelle est la véritable fonction du système Grand Sympathique, « au sujet duquel, écrivait Bourdon, on a fait infiniment plus d'hypothèses qu'il ne possède de ganglions ».

On savait jusqu'ici, sans pouvoir l'expliquer, que les nerfs du Grand Sympathique sont physiologiquement insensibles et physiquement inactifs; qu'ils ne donnent aucun indice de rayonnement au Galvanomètre; que leur résection ne provoque ni la douleur, ni l'abolition de la sensibilité, ni l'immobilité des masses musculaires, ni aucune perturbation dans les mouvements; enfin, que leur sidération ou leur résection détermine une prompte élévation de température, dans toutes les parties où ils se distribuent.

Cette singulière inertie d'une grande partie de notre système nerveux, qui rendait la recherche de ses fonctions si embarrassante, peut s'expliquer maintenant avec la plus grande facilité, si l'on veut admettre avec nous que les Nerfs du Grand Sympathique sont *Absorbants*.

Il résulte donc de ce qui précède que la sensation de chaleur que nous éprouvons, au contact d'un être animé, est provoquée, non pas par le calorique directement dégagé de ses combustions, mais par le rayonnement de ce même fluide, après qu'il a été absorbé par les rhéophores nerveux.

C'est pour cela qu'un membre paralysé, bien que participant de la température du sang dont il est baigné, ne nous procure aucune impression de rayonnement.

S'il est froid, ou du moins si le simple contact nous le montre tel, cela ne veut point dire que, dans cette partie, les réactions calorigènes soient suspendues. Cela signifie simplement, d'une part, que les Nerfs blancs, dont le fonctionnement est paralysé, ne fournissent plus de rayonnement; — ce qui supprime, en même temps que la sensibilité et le mouvement, toute sensation d'émission dans la masse inerte; — et d'autre part, que le Calorique, émané des comburations, continue à être absorbé partie par les Nerfs gris, qui l'emmagasinent dans les grands centres, et partie par les Hématies, qui vont le déverser aux Plexus du cœur (1).

Nous avons fait observer déjà, en parlant de la formation du Ferrate de Potassium, que les Globules sanguins sont de véritables condensateurs, qui se chargent alternativement et inversement, suivant leurs réactions, de fluide Calorique décomposé; ce qui a fait dire, depuis longtemps, que les Globules veineux sont électrisés positivement et les Globules artériels négativement.

Nous avons dit aussi que les deux fluides non similaires, ainsi emmagasinés dans les Hématies, ont pour principale mission, non seulement d'approvisionner le grand Condensateur cérébro-spinal; mais, en outre, d'entretenir les mouvements du Cœur, et par suite celui de la Circulation.

Comme une simple affirmation ne serait pas un témoignage bien concluant de la réalité de ce phénomène, nous pensons qu'il ne sera pas superflu de jeter un rapide coup d'œil sur la conformation de l'organe où il se produit.

Le Cœur est un muscle creux, à tissu très serré, formé de fibres entrelacées, sans interposition de tissu cellulaire, qui se croisent en divers sens et qui, par conséquent, peuvent le contracter simultanément suivant toutes les directions.

Cet organe reçoit, comme tous les organes, des vaisseaux sanguins, des vaisseaux lymphatiques et surtout une grande quantité de filets nerveux.

Ces nerfs sont fournis en totalité par divers Plexus, qui rattachent les uns au Pneumo-gastrique — par conséquent à l'appareil Cérébro-spinal — et les autres, bien plus nombreux, à la chaîne des Grands Sympathiques, dont ils sont cependant séparés par l'interposition des ganglions cervicaux.

Le Plexus droit, ou antérieur, se ramifie en totalité dans les parois du Ventricule droit. Le Plexus gauche, ou postérieur,

(1) Nous ne doutons pas qu'en coupant les Nerfs gris, on ne provoque, dans un membre paralysé, non seulement une élévation de température, mais aussi la *Gangrène*, qui nous semble devoir être une conséquence de l'atrophie des Nerfs absorbants, par résection, congélation, dégénérescence ou autre.

appartient exclusivement au Ventricule gauche. Enfin le Plexus moyen, ou Grand Plexus de Haller, *qui est en communication avec les deux autres*, présente cette double particularité d'être relié au cerveau par le Pneumo-gastrique et d'en être séparé cependant par un ganglion qui fait en quelque sorte office d'*Isoloir*, ou, pour parler d'une façon plus exacte, de *Diffuseur*.

« La ténuité et la mollesse des nerfs cardiaques, dit Legallois,
« qui permettent à peine de suivre ces nerfs dans la substance
« du cœur, le mode particulier de leur naissance dans des gan-
« glions et des Plexus, suffiraient pour indiquer que la puissance
« nerveuse ne doit pas s'exercer de la même manière dans le
« cœur que dans les muscles soumis à la volonté. »

Mais ce qui l'indique bien plus encore, c'est l'admirable disposition de ces trois Plexus, dont deux vont se ramifier respectivement dans les ventricules du cœur, pour recevoir, chacun, des globules artériels et des globules veineux, l'un des fluides décomposés, qui doivent concourir à l'action électrique; et dont le troisième, en rapport avec les deux autres, joue le rôle d'Excitateur, pour provoquer d'abord les contractions du cœur, et transmettre ensuite au cerveau, le Calorique normal reconstitué.

Il est donc rationnel de conclure, de cette ingénieuse disposition, que les contractions spasmodiques interrompues des ventricules du cœur, dont l'incessante répétition produit le double mouvement de Systole et de Diastole, sont absolument de même ordre que le phénomène de contraction, provoqué par le simple rapprochement des muscles cruraux et des nerfs lombaires, dans la fameuse expérience de Galvani.

A ceux qui éprouveraient quelque hésitation à admettre la complète connexité de ces phénomènes, nous rappellerons que Claude Bernard, ayant un jour interrompu la communication du cœur avec le cerveau, en coupant simplement le Pneumo-gastrique, eut la surprise de constater — au moyen d'un Cardiomètre implanté dans la carotide — une augmentation très accentuée de la température du sang et de sa pression, jointe à une grande accélération des mouvements du cœur. Or, si l'accumulation et la tension électrique des deux fluides, dans les Plexus, ne furent pas, par suite de l'interruption du courant, la cause déterminante du phénomène, nous nous demandons quelle meilleure raison on pourrait emprunter aux lois de la Physique ou de la Chimie, pour expliquer d'une autre façon la cause initiale qui le produit.

Il faudrait bien se garder de croire que l'appareil Cérébro-spinal — l'ensemble du Cerveau et de la Moelle épinière — soit, dans notre pensée, l'organe tout passif que notre mot habituel de « Condensateur » semble indiquer ici.

L'observateur, qui voudrait se rendre exactement compte de sa nature, ne devrait pas craindre de remonter aux premières Monades, non pas aux êtres incorporels et semi-abstraits, imaginés par Leibnitz, mais à ces corpuscules imperceptibles, que les plus forts grossissements peuvent seuls faire apparaître comme des points, et dont la génération spontanée montre, encore aujourd'hui, comment se constituèrent les premiers êtres.

Il suffit, en effet, que, dans de l'eau tiédie, quelques molécules de Fer soient unies à une molécule isolée de matière albuminoïde, pour que cette molécule isolée devienne une Monade, qui, les circonstances aidant, finira par surgir insensiblement sur la plaque du microscope, sous la forme d'un très petit globule condensateur, susceptible de se mouvoir, par ses attractions et ses répulsions, et de se développer par ses réactions.

C'est ainsi qu'au milieu des ferments divers qu'ensemence notre atmosphère, on voit apparaître spontanément, dans les infusions, des milliers de points transparents, d'êtres infimes gélatineux, qui ne tardent pas à s'évanouir, en même temps que l'Acide carbonique en dissolution.

Aux premiers âges géologiques, alors que des corps simples, vaporisés, se condensaient encore autour de notre globe, et que déjà la plupart des Oxydes et des Carbonates s'étaient formés, il arriva qu'une immense conflagration éclata sur la terre consolidée.

Ce fut alors la période Hydrique; pendant laquelle l'Hydrogène, entrant à son tour en combinaison, forma avec l'Oxygène, le Chlore, le Brome, l'Iode, le Fluor, etc., cette immense quantité d'eau *Acide*, qui devait en se condensant recouvrir le sol et devenir ainsi, après s'être neutralisée, le berceau de la Création.

En réagissant sur les Carbonates, les eaux chargées des Hydracides de l'atmosphère produisirent, en même temps que les Sels marins, un énorme dégagement d'Acide carbonique, qui se répandit sur les mers et sur les continents. Et lorsque cette effervescence fut terminée, lorsque le sol, rougi par l'Oxyde de fer, et suffisamment refroidi par les évaporations et les réactions, put offrir sur son sein un milieu favorable aux fragiles combinaisons des principes de l'Atmosphère; alors, dans la *Glairine* des eaux sulfureuses, partout où la rouille forma des matériaux azotés, apparurent spontanément les premières Monades.

Nous n'avons pas la prétention de vouloir expliquer ici comment, au milieu des éléments apaisés, apparurent spontanément les Végétaux et les Animaux. La seule chose que nous désirions faire remarquer, parce qu'elle n'a pas encore été signalée par les naturalistes, c'est que, aux temps primitifs, les animaux comme les végétaux vivaient et respiraient dans une atmosphère chargée d'Acide carbonique.

A mesure que la composition de l'air se modifia, par la respiration des premiers végétaux et des animaux à sang blanc, à organes rudimentaires, d'autres espèces apparurent, qui avaient une organisation en rapport avec la composition du milieu qui les produisait ; tandis que les espèces antérieures disparaissaient graduellement ou se modifiaient, non pas, comme on l'a dit très singulièrement, par le fait d'une sélection et d'une lutte générale pour l'existence, mais par la simple nécessité, qui leur était imposée, d'être en équilibre avec leur milieu (1).

Et lorsque la proportion de l'Oxygène libre devint trop grande, il arriva ce qui arrive invariablement depuis lors, c'est que les êtres vivants, engendrés des Monades, ne purent plus se développer dans un milieu devenu trop oxygéné.

La Création ne s'est jamais éteinte ; mais on peut dire qu'elle est réduite aujourd'hui à sa période d'incubation ; puisque les mêmes êtres microscopiques que nous voyons, et qui grandissaient si colossalement autrefois, quand ils pouvaient effectuer leurs transformations avec le concours même de l'atmosphère, ne tardent pas à s'évanouir aujourd'hui ; non seulement à cause des changements thermiques de notre globe, mais par l'effet du contact de l'air, qui est devenu pour eux trop oxygéné.

Et nous ferons remarquer que, parmi les êtres formés durant la période zoogénique, ceux-là *seuls* ont pu résister à la destruction, qui ont su se créer un nouveau milieu, suffisamment saturé d'Acide carbonique et convenablement calorifié.

Tels sont les Spermatozoïdes des Vertébrés qui, ayant opéré leur première transformation dans un milieu chargé d'Acide car-

(1) La célèbre théorie de Darwin nous semble grandement infirmée, en effet, par un fait, une loi générale, devrions-nous dire, que nous soumettons à l'appréciation des observateurs. C'est que les Herbivores ont toujours dû, comme aujourd'hui, se multiplier librement, sans avoir à lutter entre eux pour leur existence ; et d'autre part, que les Carnivores, qui habitent le même élément — abstraction faite des quelques rares espèces parasitaires, qui vivent de *sang*, et qui par conséquent ne sont pas *Carnivores*, dans le sens absolu du mot, — ne se nourrissent que d'Herbivores ou d'Omnivores, et ne se recherchent jamais pour se dévorer.

bonique, vivent dans un nouveau milieu également carbonifié ; puis s'enferment dans la chrysalide ou dans l'œuf, pour s'y dépouiller sans danger de leur gaine albuminoïde, et n'affrontent les influences extérieures qu'après s'être ensevelis de nouveau dans une carapace osseuse et charnue, qui les alimente de Calorique et les tient à l'abri du contact de l'air devenu mortel.

Et c'est ainsi que, par force physique, tous les animaux primitifs ont été remplacés graduellement, pendant une période zoogénique plus ou moins longue, par les animaux actuels, qui disparaîtront à leur tour ou se modifieront — l'Homme tout le premier — à mesure que la composition de l'air se modifiera (1).

Les considérations que nous venons d'émettre montrent suffisamment que notre condensateur Cérébro-spinal, ce prétendu récipient de fluide électrique, n'est rien moins en réalité que l'Homme, l'*Être humain*, qui nous constitue ; en d'autres termes, le **Spermatozoïde grossi**, mais non sensiblement déformé, vivant sa troisième existence terrestre, ou, si l'on aime mieux, subissant, à l'instar de presque tous les animaux de la création, son troisième et dernier période d'évolution.

Certes, il serait très intéressant de rechercher ici comment l'invisible Monade, enkystée dans une cellule microscopique, devient, par la vertu du Fer, un être vibratile, gélatineux, en absorbant les matériaux azotés, dont la cellule a été pourvue à son intention.

Comment, en second lieu, cet être ainsi formé — le Spermatozoïde — peut, après la rupture de sa cellule, vivre libre et grandir à l'abri du contact de l'air, en attendant le milieu favorable à sa troisième et dernière transformation.

Et comment, ayant enfin trouvé ce nouveau milieu, également rempli d'Acide carbonique, le Spermatozoïde semble s'y dissoudre d'abord en totalité, par suite de l'abandon de sa gaine albuminoïde ; puis s'y développe rapidement, en s'enfermant alors dans une carapace osseuse et articulée, — qui sera la *Boîte crânienne*

(1) On pourra constater un jour, par la comparaison de nos analyses, que l'Oxygène de l'air se fixe peu à peu dans les couches inférieures du sol, où il forme de l'Oxyde *magnétique* de Fer et ensuite du Peroxyde, en attaquant le Fer carburé, qui constitue, ainsi que le reconnaît Daubrée, la masse intérieure de notre globe.

C'est assurément cette oxydation qui produit en grande partie, dans notre sous-sol, cette température progressivement élevée, due, comme le feu des volcans, à des réactions et non, comme on le croit généralement, à un état de fusion centrale.

et le *Canal vertébral* (ou la Colonne vertébrale, si l'on préfère);
— carapace à travers laquelle il puisera sans cesse, et sans cesse
rejettera le fluide qui l'anime, par des milliers de rhéophores nerveux, qui se ramifieront dans toutes les parties de ses appendices
charnus destinés à l'alimenter.

Malheureusement, ce n'est pas dans le modeste cadre de cette
étude, que nous pourrions développer cette digression.

D'ailleurs, si nous voulions nous livrer ici à tous les développements que la thèse comporte, qui sait quelle défaveur pourrait
en rejaillir sur l'ensemble de ce travail !

Tous les Spermatozoïdes ne pensent pas comme nous ; et beaucoup qui se considèrent, non sans motifs, comme le chef-d'œuvre
de la nature, seraient médiocrement satisfaits, sans doute, d'être
considérés comme des sortes d'Entozoaires, se multipliant prosaï-
quement par des sortes de proglottis.

Laissons donc prudemment cette question oiseuse, et tenons-
nous pour satisfait si nous avons pu démontrer cette vérité : que
le Fer n'est pas, comme on le croyait, un banal Stimulant ; mais
bien le véritable agent de la Création, le mystérieux Promoteur
de tous les êtres organisés.

N'est-ce pas lui, en effet, qui préside à toutes les manifestations
de la Vie ? Lui qui, portant au front l'étoile d'Oxygène, anime
nos tissus, entretient nos comburations et nourrit la pensée de la
substance même de notre corps ?

Qu'un simple désoxydant l'atteigne et, se liant à lui, fasse
tomber de son front l'étincelle sacrée ; aussitôt plus de comburation ni de calorique, plus de respiration ni de mouvement

L'étincelle n'est plus, l'âme s'est envolée ; le Messager de vie
est devenu poussière, et tout s'arrête à l'instant, dans ce monde
qu'il animait.

L'étincelle n'est plus ; et ce corps merveilleux, tantôt si plein
de force et de mouvement, de subtiles pensées, de volonté puissante, est maintenant, voyez! une matière inerte, que les ferments de l'air vont disperser aux vents.

L'étincelle n'est plus, les foyers sont éteints ; et les foyers
éteints, que reste-t-il ?

— Des cendres !

II

ASSIMILATION DES PHOSPHATES

PHOSPHATES NATURELS

Nous venons d'observer le Fer dans la plénitude de sa mission,
et il nous a été facile de constater que toutes les fonctions de
la vie organique, de même que celles de relation, sont ses tri-
butaires. Mais rien ne nous a fait entrevoir encore comment
il obéit à la commune loi, en vertu de laquelle toutes les particules de notre corps se renouvellent à notre insu, comme les
membres d'une nation, qui demeure en apparence toujours la
même.

Il est donc intéressant de savoir de quelle façon ce grand régu-
lateur de l'économie, qui a tout pouvoir de lier et de délier, se
laisse éliminer à son tour et rejeter au sol, à l'état de Phosphate inerte, avec tous les débris résultant de sa propre action.

La constitution intime de nos tissus semble au premier abord
tellement complexe, qu'on est toujours quelque peu surpris de
constater, par leur analyse, que, si l'on fait abstraction des
quelques sels alcalins dissous dans nos humeurs, et par conséquent non assimilés, toute la partie minérale de notre chair ne
se compose en définitive que de Phosphates.

Cette composition est rendue visible par les analyses suivantes
de MM. Hintz et Keller, qui indiquent les proportions et la nature
des sels, contenus dans cent parties de cendres de Chair musculaire et dans cent parties de cendres d'Os :

	Chair.	Os.
Phosphate de Potasse et autres sels alcalins	77,50	»
Phosphate de Magnésie	11,50	1
Phosphate de Chaux	6,50	87
Oxyde de Fer et Phosphate	4,50	»
Carbonate de Chaux	»	12

Par le rapprochement de ces deux analyses, nous pouvons constater, à première vue, quelle profonde séparation s'établit, dans l'organisation, entre les Sels de Chaux qui vont constituer les cartilages et le squelette, et les Sels de Potasse, de Fer et de Magnésie, qui s'organisent diversement pour constituer tous nos tissus mous.

Cette constitution, essentiellement phosphatée, de notre organisme doit nous faire prévoir que nous rencontrerons le même genre de minéralisation dans les aliments. En effet, si nous analysons ensemble les deux principaux farineux, qui constituent la base de notre alimentation, nous trouverons, avec MM. Zoeller et Berthier, que cent parties de cendres de Froment et de Pomme de terre renferment, en chiffres ronds :

Phosphate de Potasse et autres sels alcalins	68
Phosphate de Magnésie	15
Phosphate de Chaux	14
Carbonate de Chaux	1
Fer	1
Silice	1

Et si nous opérons avec plus de soin; si, avant d'entreprendre notre analyse, nous avons l'attention de séparer d'une part la fécule et l'eau de végétation, et d'autre part la matière azotée qui, sous le nom de *Gluten*, constitue l'élément plastique de la farine, nous pourrons constater que les trois Phosphates physiologiques sont exclusivement et très étroitement combinés avec le Gluten.

Cette affinité des Phosphates et du principe azoté se révèle dans toutes les matières organisées, et l'on peut la reconnaître déjà par la simple inspection des Os; « dans lesquels, nous dit Wurtz, la matière minérale et l'Osséine sont tellement associés qu'il est impossible, même avec les plus forts grossissements, de voir au microscope le moindre dépôt calcaire dans une lamelle osseuse. »

Mais c'est surtout dans les tranformations histogéniques des Végétaux qu'elle se révèle à l'observation d'une façon curieuse et caractéristique.

Tous les savants, qui ont soumis les tissus végétaux à des recherches analytiques, ont remarqué la corrélation constante qui existe, dans chaque plante, entre sa richesse en Phosphates et sa richesse en matière azotée (1). Tous ont été frappés de voir

---

(1) Liebig. *Les lois naturelles de l'Agriculture*, p. 385. — De Saussure. *Recherches chimiques sur la Végétation*, p. 293. — I. Pierre. *Mémoires sur le Colza.* — Corenwinder. *Ann. de Chim. et de Phys.*, t. LX, p. 105. — Garreau. *Ann. des Sciences nat. Botanique* (4), t. XIII.

la migration des Sels Phosphatés, qui s'effectue, au moment de la floraison, des feuilles vers les semences, s'accompagner d'une migration semblable de la matière azotée ; de telle sorte que les deux éléments progressent ou diminuent toujours parallèlement. Aussi n'est-il plus douteux, — ainsi que le déclare Corenwinder, dans son remarquable Mémoire sur les migrations du Phosphore, — que les Phosphates et la matière azotée sont unis, dans les tissus végétaux, « suivant un mode de combinaison encore mystérieux. »

« On aperçoit toujours, dit M. Boussingault, une certaine relation entre la proportion d'Azote et celle de l'Acide phosphorique contenus dans les substances alimentaires. Généralement les plus azotées sont aussi les plus riches en Acide ; ce qui semble indiquer que, dans les produits de l'organisation végétale, les Phosphates appartiennent particulièrement aux principes azotés, et qu'ils les suivent jusque dans l'organisation des animaux. »

« Il existe une relation remarquable, a dit aussi Mayer, entre les matières albuminoïdes et l'Acide phosphorique que renferment les graines. A une augmentation d'Acide phosphorique correspond une augmentation dans la proportion des matières albuminoïdes. On peut donc admettre que la formation des matières albuminoïdes, dans les graines, est subordonnée à l'existence des Phosphates. »

A quoi le savant professeur eût pu ajouter, comme une preuve des plus topiques, que les plantes, développées sur un terrain privé de Phosphates terreux, sont frappées d'asthénie et ne fructifient pas, d'après les observations de M. G. Ville.

Dehérain n'est pas moins explicite en ses conclusions, dans son étude sur l'Assimilation par les Végétaux : « Des expériences récentes, dit-il, entreprises à ce sujet, ont démontré que si on lessivait des graines pulvérisées avec de l'eau, on n'arriverait jamais à enlever tous les phosphates qui y sont contenus... Cette union n'est même pas détruite par une liqueur acide (une partie d'Acide chlorhydrique et neuf parties d'eau) ; et on a trouvé dans la farine de pois et dans la farine de froment, lavées à plusieurs reprises à l'acide étendu, des quantités encore très notables d'Acide phosphorique... Comme tous les Phosphates sont solubles dans l'Acide chlorhydrique, on peut conclure de ces essais que les Phosphates, qui ont résisté à ce dissolvant, se trouvaient, dans les farines, unis intimement avec la matière végétale, et retenus par elle à l'état insoluble. »

Il est presque superflu de faire observer que Dehérain entend, par Matière végétale, la matière azotée qui forme le Gluten; lequel est le produit d'une véritable combinaison entre la matière albuminoïde, le Fer, le Soufre, le Phosphate de Potasse et les Phosphates terreux. L'Acide chlorhydrique étendu ne peut donc dépouiller les farines de leurs Phosphates qu'en proportion de la quantité de Gluten qu'il fait entrer en dissolution; c'est pourquoi, tant qu'il reste du Gluten dans une fécule, on est certain d'y trouver de l'Acide phosphorique en combinaison.

Telle est la signification des expériences de Dehérain, qui montrent nettement l'énergique attraction que la matière azotée manifeste pour les Phosphates.

Nous ne pensons pas qu'il soit opportun de citer un plus grand nombre d'autorités pour démontrer la réalité d'une affinité, dont on peut s'assurer du reste très aisément, en précipitant par une solution de Tannin une autre solution de matière azotée, tenant en suspension du Phosphate de Chaux. Le précipité qui se produira, dans ces conditions, entraînera avec lui jusqu'à 20 0/0 de ce dernier sel, qu'il sera ensuite impossible de séparer si l'on n'a pas recours à un agent chimique.

Nous verrons, dans la suite de cette étude, que cette dernière expérience acquiert une très grande importance thérapeutique, par sa facile utilisation dans le traitement intra-organique de la Phthisie et d'un grand nombre de maladies dégénératives.

En résumé, puisque l'alliance de tous les Phosphates avec la matière azotée a été reconnue constante chez tous les êtres organisés, et proclamée comme une loi générale par les Chimistes, il faut bien la considérer, une fois pour toutes, COMME LA CONDITION INDISPENSABLE DE L'ASSIMILATION DES PHOSPHATES TERREUX; et par suite tenir pour perturbatrice de la santé, dans les deux règnes organiques, toute cause ayant pour effet d'amener la dissociation de ces éléments.

C'est ce qu'il importait de bien établir ici, afin que la connaissance exacte des faits acquis nous permît de mieux apprécier la valeur des conclusions pratiques de cette étude.

PHOSPHATES MEDICINAUX

Du jour où la Chimie a pu dévoiler la nature des éléments minéraux, qui entrent dans la constitution de notre organisme, la
Médecine a compris l'influence considérable que doit exercer l'alimentation sur l'économie, suivant qu'elle fournit ou ne fournit pas
toute la proportion de Phosphates terreux nécessaire à la nutrition.

Les curieuses expériences de Chossat et de Boussingault, entreprises dans cet ordre d'idées pour découvrir la loi de l'ossification
animale, ont montré en effet avec quelle facilité on peut réduire
un animal vigoureux à ne posséder plus qu'une ombre de squelette, en le privant simplement de la *terre osseuse;* autrement dit
du Phosphate de Chaux contenu dans les aliments.

Il est à regretter, toutefois, qu'après avoir trouvé le moyen de
provoquer ainsi l'Ostéomalacie et le Rachitisme, ces habiles
observateurs n'aient pu également découvrir le secret de les
enrayer. Car ce serait une grande erreur de penser que l'on peut
arriver à ce résultat par traitement inverse; c'est-à-dire en addi-
tionnant tous les aliments d'une certaine quantité de poudre d'Os
ou de tout autre Phosphate de Chaux, préparé magistralement.

En ce qui concerne la poudre d'Os, M. W. Edwards a montré,
par de rigoureuses observations, combien peu elle est absorbée
dans le canal digestif, soit qu'on la prenne isolément, soit qu'elle
ait été mélangée avec des substances alimentaires.

Quant aux nombreuses préparations phosphatées, qui sont
aujourd'hui encore préconisées sous diverses formes, une longue
expérience a prouvé que, si elles enrichissent toujours le Spécia-
liste, elles n'ont jamais, en revanche, enrichi bien sensiblement
l'économie du patient.

Et la raison de cette inertie est facile à apprécier; puisqu'il est
acquis, d'une part, que les Phosphates médicinaux, — tels que
le Bi-Phosphate, le Chlorhydro-Phosphate, le Lacto-Phosphate de
Chaux, le Phosphate calciné ou gélatineux, le Gummo-Phosphate,
l'Hypophosphite, etc., — qui ne sont pas susceptibles de s'allier
à une matière protéique azotée, ne peuvent pas, en vertu de la

loi connue, s'assimiler et faire partie intégrante de l'organisme; et d'autre part, que l'Osséine, ou matière azotée des Os, qui est aux animaux ce que la Cellulose est aux plantes ligneuses, est un produit de réaction dernière, aussi indifférent que la Cellulose elle-même à l'action de la digestion.

Si, comme l'a constaté Claude Bernard, l'Osséine peut devenir soluble dans l'estomac sous l'influence du Suc gastrique, c'est par l'unique raison qu'elle s'y transforme en un produit isomère, la *Gélatine*. Or, comme celle-ci se retrouve, non digérée, dans les selles et les urines, on doit tenir pour certain que le Phosphate de Chaux, combiné avec l'Osséine ou la Gélatine, n'est pas plus assimilable et nutrimentif qu'aucun des Phosphates médicinaux, auxquels le vague espoir d'une guérison imprévue conserve une faveur aussi lucrative qu'imméritée.

Il importe beaucoup, en cette matière, de ne pas nous tromper sur la valeur des mots que nous employons.

Ainsi, quand nous disons que les Phosphates médicinaux, adoptés actuellement, ne sont pas assimilables de leur nature, il faut bien se garder d'entendre qu'ils ne sont pas susceptibles d'être absorbés avec la même facilité que s'ils étaient véritablement les produits de la digestion.

De même que les racines du Végétal aspirent, avec l'eau, tous les sels minéraux qui ont pu être dissous par elle; de même le Canal digestif s'accommode indifféremment de toute matière dialysable qu'on lui fournit. L'expérience journalière est là d'ailleurs pour nous démontrer avec quelle facilité la Gélatine, les Alcools, les Alcaloïdes, les Matières colorantes, les Sels, en un mot toutes les substances susceptibles de se dissoudre dans l'estomac, qu'elles soient toxiques ou bienfaisantes, pénètrent et se diffusent dans nos humeurs, avec ou sans les modifications imposées par la Digestion.

Il est donc logique d'admettre que les Phosphates médicinaux, solubilisés, s'endosmosent parfaitement à travers les muqueuses et se diffusent dans les vaisseaux en même temps que le véhicule qui les contient.

Nous dirons même que bien souvent leur acidité exerce une action stimulante sur les muqueuses, en les faisant agir de la même façon qu'un Apéritif.

Mais on doit tenir pour certain, — et la conviction est ici imposée, non seulement par les enseignements de la théorie, mais encore et surtout par le résultat négatif des expériences thérapeutiques, — que les formes chimiques qu'on leur impose ne leur permettent pas de s'assimiler ; c'est-à-dire de rien fournir, *par eux-mêmes*, à la rénutrition de l'économie.

Il est à remarquer, d'ailleurs, que, parmi les nombreux Chimistes préparateurs, qui ont entrepris de vulgariser, dans un but de médication, certaines solutions de Phosphate calcaire, il n'en existe aucun, qui ait eu la franchise de déclarer quel est le véritable état chimique du Sel contenu dans le dissolvant ; aucun qui ait essayé d'expliquer théoriquement par quel phénomène mystérieux du *Chlorhydro-Phosphate* ou du *Bi-Phosphate de Chaux*, — autrement dit du *Phosphate monocalcique*, additionné ou non d'un *Chlorure* de même base, — peut être transformé, dans l'économie, en Phosphate tribasique de Chaux ; seul élément calcico-phosphaté qui nous soit fourni par les aliments, et qu'on ait découvert dans l'organisation.

« On n'a pu encore retrouver dans les Os sains, déclarent MM. Wurtz et Gautier, du Phosphate bibasique ou acide de Calcium, et la manière dont les Phosphates tribasiques sont déposés et désassimilés, pendant la vie de l'Os, reste encore à connaître. »

En présence de cette attestation, formulée par de tels Chimistes, on est en droit de se demander quelle preuve on pourrait faire valoir pour démontrer la vertu spécifique du Phosphate acide de Calcium et des Phosphates basiques de Chaux, dénaturés par un dissolvant.

Il est vrai que, pour le malade qui veut guérir, la simple affirmation de cette vertu spécifique est un témoignage ; mais les plus grandes affirmations du monde ne sauraient prévaloir contre les faits acquis.

Or, il est nettement acquis :

1° Que le Bi-Phosphate de Chaux — (*Phosphate acide de Calcium*, ou *Phosphate monocalcique* ; $CaO,2H^2O,PhO^5$), — étant formé d'un seul équivalent de Chaux et d'un Acide minéral inoxydable et incombustible, ne peut, *en aucun cas*, se transformer de lui-même, dans nos tissus, en Phosphate tribasique de Chaux ; ni, par suite, servir à la rénutrition de l'économie.

2° Que le Chlorhydro-Phosphate de Chaux, — obtenu par l'action de l'Acide chlorhydrique sur le Phosphate neutre ou le Phosphate tribasique de Chaux, — n'est plus, par le fait de la réaction, qu'un mélange hybride de *Bi-Phosphate* et de *Chlorure de Calcium :*

$$\underset{\substack{\text{Acide}\\\text{Chlorhy-}\\\text{drique.}}}{2HCI} + \underset{\substack{\text{Phosphate}\\\text{trib. de Chaux.}}}{3CaO,PhO^5} = \underset{\substack{\text{Bi-phosphate}\\\text{de Chaux.}}}{CaO,2H^2O,PhO^5} + \underset{\substack{\text{Chlorure}\\\text{de Calcium.}}}{2CaCI}$$

Lesquels, étant introduits tels dans l'économie, ne peuvent *jamais* revenir à l'état primitif de Phosphate tribasique de Chaux, qui est le seul état chimique physiologique.

3° Que si, — comme cela est vrai, — le Phosphate tribasique de Chaux, contenu dans nos aliments, se transforme, — *à un moment précis de la digestion*, — en Phosphate monobasique et Chlorure de Calcium, sous l'influence du Suc gastrique, ce n'est jamais cependant sous cette double forme chimique qu'il franchit le canal digestif et se distribue dans l'économie; ainsi que le fait toujours, dans le même cas, le mélange des mêmes Sels préparés magistralement.

Nous allons, du reste, nous édifier pleinement sur cette importante question, en étudiant les diverses transformations que subissent les Sels minéraux, pendant et après l'élaboration de nos aliments.

LE SUC GASTRIQUE ET SES ÉLÉMENTS

Chacun sait que chaque genre de principes nutrimentifs de nature organique, tels que les Sucres, les Féculents, les Corps gras, etc., sont soumis, dans notre canal digestif, à un mode particulier d'élaboration ; et nous n'apprendrons rien à notre Lecteur, en rappelant en particulier que les aliments azotés se transforment rapidement, sous l'influence de la *Pepsine*, en divers principes solubles et très analogues entre eux, appelés *Peptones*.

Mais ce qu'on ne sait pas, et ce qu'il nous importe précisément de savoir, ce sont les modifications que subissent les Sels par l'effet de la digestion.

Comme il est évident que l'agent digestif des Sels minéraux doit se trouver dans le Suc gastrique, il est essentiel que nous soyons tout d'abord fixés sur la nature et la constitution chimique de ce dernier.

D'après les recherches de M. Schmidt, voici quelle est la composition moyenne de ce liquide, obtenu, chez l'être vivant, par l'excitation de la membrane muqueuse de l'estomac :

Eau	973,062	Chlorure de Calcium	0,624
Peptone et Pepsine	17,127	Chlorure d'Ammonium	0,468
Acide Chlorhydrique	3,050	Phosphate de Chaux	1,729
Chlorure de Potassium	1,125	Phosphate de Fer	0,082
Chlorure de Sodium	2,506	Phosphate de Magnésie	0,226

Arrêtons-nous sur cette Analyse, et essayons de déterminer, à première vue, le rôle physique ou physiologique de chacun de ses éléments.

Il est certain, d'abord, que l'**Eau**, constitutive du Suc gastrique, de même que celle que nous absorbons durant nos repas, n'intervient pas *chimiquement* dans le travail de la digestion.

L'eau gonfle et désagrège les aliments, hydrate et liquéfie leurs principes solubles ; mais, en dehors de cette action physique, rien n'indique à l'observation qu'elle ait d'autre mission à remplir que celle d'introduire dans l'estomac certains sels minéraux, utilisés plus ou moins par la Nutrition, et le gaz nécessaire à l'œuvre digestive; puis, de servir, comme véhicule et excipient, à l'absorption et à l'élimination des produits afférents à l'organisation.

Quant à son rôle physiologique, nous en saisirons toute l'étendue en nous rappelant que la masse liquide, qui entre dans la constitution de l'économie, représente environ les soixante-quinze centièmes de notre poids.

La **Pepsine**, nous l'avons dit, est l'Agent digestif des aliments azotés et albuminoïdes (*Albumine, Gluten, Légumine, Caséine, Fibrine*, etc.), qu'il transforme en très peu de temps en Peptones dialysables, propres à subvenir immédiatement aux besoins de l'économie.

Nous avons fait remarquer déjà que la Pepsine est complètement sans action sur les corps collagènes en général (*Osséine, Gélatine, Chondrine, Cartilagéine*, etc.), qui peuvent bien se dissoudre et s'endosmoser dans les voies digestives, mais non s'y transformer en matériaux d'organisation.

La **Peptone** trouvée dans le Suc gastrique a été reconnue, par plusieurs Chimistes, comme étant absolument identique à celle qui est fournie par les aliments; ce qui n'a rien que de fort naturel, si l'on songe, d'abord, que les Peptones ne peuvent provenir que des aliments, et ne sont pas par conséquent constitutives du Suc gastrique; et si l'on considère ensuite, ainsi que le constate Schützenberger (1), que « la *Peptone de l'estomac, de même que les Chlorures et les Phosphates qui l'accompagnent, sont le produit, le résultat final, de la digestion de la matière protéique et des Sels* ». C'est-à-dire un simple *Levain*, résultant de la précédente élaboration.

Cette constatation, en apparence très secondaire, est cependant importante au plus haut degré, puisqu'elle nous oblige à conclure que TOUS LES SELS, consignés dans l'Analyse de M. Schmidt, — sauf le *Chlorure de Sodium* et le *Phosphate de Fer*, qui, ainsi que nous le verrons, sont ingérés en nature, — SONT LE RÉSULTAT DES TRANSFORMATIONS QUI SE PRODUISENT NORMALEMENT PENDANT LE TRAVAIL DE LA DIGESTION.

De là à définir ces transformations, la distance sera petite; car, dès lors qu'il est établi que ces Sels doivent être les produits

____

(1) **Wurz.** *Dict. de Chim.*, t. I, p. 1529.

d'une réaction entre l'Acide chlorhydrique de l'estomac et les éléments minéraux des substances alimentaires, rien ne sera plus aisé que de préciser cette réaction; puisque nous connaissons déjà la nature et l'état de ces éléments.

En résumé, il est déjà facile de constater, par ce qui précède, que si la Pepsine est l'agent digestif de la partie purement organique de tous les composés azotés, il n'y a absolument, dans le Suc gastrique, que l'**Acide chlorhydrique** en dissolution étendue, qui puissent réagir sur les corps minéraux engagés dans ces composés.

Il est vrai que plusieurs Chimistes, et notamment M. Dusart, ont essayé, à un certain moment, de faire attribuer ce rôle à l'*Acide Lactique;* mais on sait que leur opinion, basée sur des considérations très hypothétiques, fut bientôt infirmée par de nouvelles recherches entreprises à cet égard.

« La réaction du Suc gastrique, a dit Schützenberger, est fortement acide : elle est due *uniquement* à la présence d'une certaine quantité d'Acide chlorhydrique libre. En effet, d'après M. Schmidt, le dosage direct du Chlore, au moyen du Nitrate d'Argent, donne un poids d'Acide chlorhydrique supérieur à celui qui est nécessaire pour saturer la totalité des Bases contenues dans le Suc, et *l'excès représente précisément la quantité d'acide libre mesuré acidimétriquement.*

« Ces expériences font tomber toutes les objections que l'on faisait valoir et ne permettent plus de penser que l'Acide chlorhydrique, trouvé dans le liquide obtenu par la distillation du Suc gastrique, dérive d'une action secondaire d'un Acide libre (Lactique) sur les Chlorures alcalins. »

On conçoit que M. Dusart, qui avait le devoir de sauvegarder la valeur de ses propres préparations au Lacto-Phosphate, ne pouvait accueillir sans protestation l'inopportune conclusion de Shützenberger.

« Schmidt, a-t-il répondu, ne constatait nullement la présence de l'Acide chlorhydrique, sa méthode analytique ne le comportait pas; mais dosant le Chlore avant et après la calcination du Suc gastrique, il jugeait, de la quantité de ce corps qui lui manquait, la nature et la quantité d'Acide existant. En un mot, c'était un dosage et une détermination *par différence;* procédé absolument condamné par la science expérimentale.

« En effet, dans l'analyse de Schmidt, on calcine le Suc gastrique à la température rouge, et on dose le Chlore restant après cette calcination ; mais le Chlorure de Sodium, le Chlorhydrate d'ammoniaque, le Chlorhydrate de Leucine sont volatils et font cette perte par différence, sur laquelle repose toute la théorie de l'Acide chlorhydrique. »

Bien que l'objet de notre travail nous dispense de revenir sur une théorie si rétrospective, nous ne pouvons laisser sans réfutation l'argument spécieux présenté par M. Dusart ; argument qui ne tend à rien moins qu'à faire douter de la science pratique de Schmidt et de Schützenberger.

Pour arriver aux fins de son analyse, M. Schmidt a suivi le procédé le plus simple et le plus correct que la science expérimentale puisse exiger. Il a précipité tout le Chlore du Suc gastrique à l'état de Chlorure d'Argent ; puis il s'est assuré que la somme de Chlorure d'Argent, ainsi obtenu, représentait chimiquement, non seulement la somme de tous les Chlorures du Suc gastrique, mais encore la quantité exacte d'Acide chlorhydrique non combiné, qu'il avait auparavant mesurée par saturation. C'est donc le *gain* obtenu dans le Chlorure d'Argent, — et non pas la perte par différence, — qui a permis à M. Schmidt d'évaluer mathématiquement, et dans une proportion tout à fait conforme aux résultats fournis par la méthode acidimétrique, la nature et la quantité de l'Acide libre, existant dans la liqueur digestive de l'estomac.

Si donc il y avait eu, dans le cours de l'opération, perte de Chlorures, cela prouverait simplement que la proportion de l'Acide chlorhydrique non saturé était encore plus grande que celle qui est indiquée par le résultat de l'opération. Cette perte, par conséquent, serait toute au bénéfice de M. Schmidt.

Il faudrait posséder à un haut degré l'esprit de résistance pour persister à croire actuellement à une sécrétion d'Acide Lactique libre dans l'estomac ; car, en dehors de l'analyse de M. Schmidt, il existe deux considérations qui suffiraient pour établir péremptoirement, selon nous, l'impossibilité d'une telle composition chimique du Suc gastrique.

La première est que l'Acide Lactique ($C^3H^6O^3$) est un corps hydro-carboné, qui se combure avec la plus grande facilité dans l'économie. Or, nous ne pensons pas que l'on puisse citer un seul Vertébré, qui sécrète *normalement* un produit hydro-carboné, susceptible d'être brûlé dans l'économie.

Si l'on voulait nous opposer le Lait, nous répondrions d'abord

que cet aliment n'est nullement un produit de sécrétion normale ;
et ensuite que le Lait est une sorte de Chyle, qui ne procède pas
de la circulation et qui, par conséquent, n'a pas eu à subir l'action comburante des hématies ; car si ses éléments hydro-carbonés
avaient dû, pour s'élaborer, passer par le système circulatoire, il
est certain qu'ils n'en seraient sortis qu'à l'état d'Acide carbonique
et de vapeur d'eau ; ainsi que cela se produit quand ils sont
absorbés par le nouveau-né.

La seconde raison nous est fournie par l'absence ou la pénurie
des composés lactiques, dans le produit immédiat de la digestion.
Si les partisans de la théorie lactique étaient dans le vrai, on
devrait invariablement retrouver, *sous forme de Lactates*, tout
l'Acide employé à l'élaboration. Or, bien habile serait celui qui,
après une digestion régulièrement accomplie, parviendrait à
doser, dans la masse du Chyle, une proportion d'Acide Lactique
équivalant à l'acidité de la sécrétion.

Nous devons donc conclure que l'Acide Lactique, dont l'existence a pu être signalée à plusieurs reprises dans l'estomac, ne
faisait pas partie de la composition normale du Suc gastrique, et
résultait simplement d'une déviation de la digestion.

Chacun sait, en effet, avec quelle facilité le Sucre et les Féculents transformés en Glucose peuvent, en présence d'une matière
azotée plus ou moins altérée, — telle, par exemple, que le Gluten
pourri, la Viande faisandée, la Pepsine gâtée, ou la Caséine
du vieux fromage, — passer spontanément à l'état d'Acide Lactique, et ensuite à l'état d'Acide Butyrique.

$$\underbrace{C^6H^{12}O^6}_{\text{Glucose.}} = \underbrace{2(C^3H^6O^3)}_{\substack{\text{Acide} \\ \text{Lactique.}}}$$

$$\underbrace{2(C^3H^6O^3)}_{\substack{\text{Acide} \\ \text{Lactique.}}} = \underbrace{C^4H^8O^2}_{\substack{\text{Acide} \\ \text{Butyrique.}}} + \underbrace{2CO^2}_{\substack{\text{Acide} \\ \text{Car-} \\ \text{bonique.}}} + \underbrace{4H}_{\substack{\text{Hydro-} \\ \text{gène.}}}$$

Il suffit donc que la Pepsine ou certains aliments se trouvent
altérés, pour que la fermentation digestive soit déviée et donne
lieu aux aigreurs et aux *renvois* carboniques, hydrogénés, qui
sont l'apanage exclusif des digestions plus ou moins manquées.

« Sous l'influence de certains états morbides, a écrit A. Gautier,
la fécule peut passer dans l'estomac à l'état d'Acide Lactique ou
Butyrique ; de là les aigreurs stomacales et l'arrêt de certaines
digestions. »

Par conséquent, si, dans nombre de cas, on peut trouver dans la matière chymifiée de l'Acide Lactique, nous ne pensons pas que les partisans de la théorie lactique aient sujet de s'en prévaloir ; puisque alors sa présence, loin d'être favorable à l'œuvre digestive, est le signe le plus certain d'une mauvaise élaboration.

En comparant les Sels contenus d'une part dans les aliments, et d'autre part dans le Suc gastrique, nous remarquons une différence, qui peut déjà nous initier, par un certain côté, au phénomène mystérieux de la digestion.

Ainsi, l'on a observé que la **Magnésie** se rencontre toujours, en grande partie dans la chair musculaire, et en totalité dans les os (Frémy), à l'état de **Phosphate ammoniaco-magnésien**, que l'incinération décompose en Ammoniaque et en Pyrophosphate de Magnésie ; ce qui nous explique, entre parenthèse, pourquoi MM. Hintz et Keller n'ont indiqué que du Phosphate simple de Magnésie, dans les cendres analysées.

Mais on sait, d'autre part, que l'Acide chlorhydrique, même très étendu, — en d'autres termes, le Suc gastrique, — transforme aussi le Phosphate ammoniaco-magnésien en *Chlorure d'Ammonium*, *Chlorure de Magnésium* et *Phosphate acide de Magnésie*.

Or, cette dernière réaction justifie la présence, dans l'estomac, du *Chlorure d'Ammonium*, indiqué par l'analyse de M. Schmidt ; et elle l'explique d'autant mieux que ce dernier se servait, dans ses expériences, de Suc gastrique emprunté à des chiens de très forte taille, nourris d'os et de viande crue.

Nous signalons cette particularité, parce qu'elle nous donnera bientôt la raison d'une anomalie, que l'on peut remarquer dans l'analyse de M. Schmidt : la disparition du Chlorure de Magnésium, en regard de la persistance des Chlorures de Calcium et d'Ammonium, dans le résidu de la digestion.

Il importe de remarquer, d'ailleurs, que ni le Chlorure de Magnésium, ni même le Chlorure de Calcium, — dont l'existence, dans l'estomac, trahit positivement la transformation du Phosphate tribasique des aliments en Chlorure et Phosphate monocalcique, — ne peuvent être retrouvés, après l'absorption, dans aucun des tissus de l'économie !

Par quelle réaction singulière ces Chlorures terreux peuvent-ils ainsi disparaître, entre le moment de la Chymification et celui de la Dialyse, alors que le *Chlorure de Potassium*, qui résulte également de la digestion, et le *Chlorure de Sodium*, ingéré en

nature, se retrouvent inaltérés, en grande quantité, parmi les éléments du Sérum et des Globules sanguins; ainsi que l'ont
démontré toutes les analyses, et notamment celles de M. Lehmann
et de M. Schmidt?

Comment, en outre, les Phosphates des aliments, forcément
transformés en Chlorures et Bi-Phosphates terreux, par l'action
de l'Acide chlorhydrique du Suc gastrique, perdent-ils ce nouvel
état dans le cours de la digestion, pour réapparaître finalement
sous leur première forme, c'est-à-dire à l'état de Phosphates tribasiques de chaux et de Magnésie, dans la trame physiologique
de nos tissus?

Ces questions, quelque embarrassantes qu'elles paraissent,
seront aisément résolues, après que nous aurons pris connaissance
des réactions, qui se produisent entre l'Acide chlorhydrique et les
Sels, pendant le travail de la Digestion.

MÉCANISME CHIMIQUE DE LA DIGESTION

La transformation de la matière azotée en Peptones solubles a pour résultat immédiat de mettre en présence, dans une même solution acidifiée, toutes les Bases et tous les Sels, qui vont coopérer à la rénutrition de l'économie.

Quant aux Sels isolés, c'est-à-dire non combinés avec cette matière azotée, — tels que le Sel marin, que nous ajoutons à nos aliments, ainsi que les Sulfates, les Chlorures, les Azotates, etc., que les Plantes renferment toujours dans leur eau de végétation, — nous savons que nous n'avons pas à nous en occuper; puisque le fait seul qu'ils traversent l'économie sans se modifier, nous indique suffisamment qu'ils demeurent indifférents à l'œuvre digestive.

Notre tâche se réduit donc, en définitive, à déterminer de quelle façon doivent réagir les Oxydes de Fer, le Phosphate ferreux et les Phosphates basiques de Chaux, de Potasse et de Magnésie, avec l'intervention de l'Acide chlorhydrique de l'estomac.

Les **Oxydes de Fer**, combinés avec la matière azotée, sont, ainsi que nous l'avons vu, complètement réfractaires aux réactifs. On peut traiter la matière qui les détient par l'Acide Chlorydrique ou tout autre corps, sans jamais parvenir à les déceler. Aussi ne peuvent-ils que se dissoudre dans l'estomac, en formant tout au plus, avec le Chlore de l'acide du Suc gastrique, une obscure et très instable association, qui ne saurait être assimilée à un véritable Chlorure ; étant donné, d'une part, qu'aucun Chlorure ne peut être réellement combiné avec la matière azotée, et d'autres part, que l'affinité de cette dernière pour les *Oxydes* du Fer s'oppose absolument à leur réduction plus accentuée.

Le **Phosphate Ferreux**, étant indécomposable par les Acides, ne peut également que se dissoudre dans l'estomac. S'il doit s'éliminer, à un moment donné, à l'état de *Phosphate ferrique*, ce ne sont pas assurément les Chlorures et les Phosphates qui l'accompagnent, ni l'Acide chlorhydrique de l'estomac, ni aucun des Sels minéraux contenus dans les aliments, qui peuvent amener cette transformation. Nous n'avons donc qu'à le laisser pénétrer librement dans l'économie, où nous sommes certain de le retrouver parmi les autres produits de la digestion.

Si le Phosphate Ferreux n'est pas modifié, il n'en est pas de même des **Phosphates de Chaux, de Potasse et de Magnésie,** que l'Acide dédouble immédiatement en Chlorures et Phosphates monobasiques, en vertu de la réaction que nous avons déjà formulée plus haut :

Acide Chlorhydrique.	Phosphate tribasique de chaux.	Phosphate monob. de chaux.	Chlorure de Calcium.

$$2HCl + 3CaO,PhO^5 = CaO,2HO,PhO^5 + 2CaCl$$

Mais ici se présente une particularité d'une grande importance physiologique. C'est que le Phosphate alcalin existe toujours, dans les aliments, en quantité beaucoup plus considérable que les deux autres ; ainsi que nous pouvons en juger par les proportions respectives des trois Phosphates, trouvées dans la cendre de froment par M. Berthier :

	Blé blanc.	Blé d'Egypte.
Phosphate de Potasse	50 »	51,70
Phosphate de Chaux	22 »	20 »
Phosphate de Magnésie	28 »	28,30

Il en résulte donc, — et il importe beaucoup de noter ce fait, — qu'une certaine quantité de Phosphate alcalin doit nécessairement échapper à la réaction et demeurer en excès dans le dissolvant, par suite de la faible acidité relative du Suc gastrique.

Après cette première élaboration, que l'on peut appeler la période de saturation de l'Acide libre, nous devrions trouver dans le Chyme, — outre les Oxydes et le Phosphate ferreux, le Chlorure de Sodium, et tous les Sels isolés secondairement fournis par les végétaux, — nous devrions trouver, disons-nous, des **Phosphates Acides** de Potasse, de Chaux et de Magnésie, ainsi que les **Chlorures** de mêmes bases, plus une quantité assez grande de **Phosphate neutre** de Potasse non altéré.

Ce sont bien là, en effet, les Sels que décelerait l'analyse, si une réaction, complémentaire de la première, ne se produisait, immédiatement entre ce Phosphate neutre non altéré et les Chlorures terreux, pour former du **Chlorure de Potassium** et du **Phosphate bibasique** de Chaux et de Magnésie :

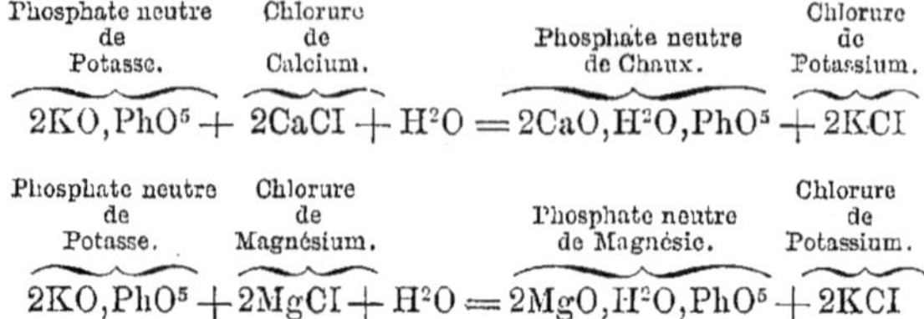

$$2KO,PhO^5 + 2CaCl + H^2O = 2CaO,H^2O,PhO^5 + 2KCl$$

$$2KO,PhO^5 + 2MgCl + H^2O = 2MgO,H^2O,PhO^5 + 2KCl$$

et si ces Phosphates neutres de Chaux et de Magnésie ne se combinaient immédiatement, à leur tour, avec les *Phosphates acides* de mêmes bases, déjà formés, pour se constituer en véritables Sesqui-Phosphates, qui ne peuvent plus être modifiés par le travail, désormais achevé, de la Digestion.

$$2CaO,H^2O,PhO^5 + CaO,2H^2O,PhO^5 = 3CaO,2PhO^5 + 3H^2O$$

$$2MgO,H^2O,PhO^5 + MgO,2H^2O,2PhO^5 = 3MgO,PhO^5 + 3H^2O$$

Tel est le cycle de réactions que les Phosphates des aliments doivent nécessairement parcourir pour se digérer. Et la preuve absolue qu'il en est ainsi nous est fournie, non seulement par la présence du *Chlorure de Potassium*, qui n'existe qu'en très faible quantité dans certains aliments végétaux et qu'on trouve toujours en grande proportion, chez les Vertébrés, dans le sérum du sang et dans le résidu de l'œuvre digestive; mais encore par la présence, peu explicable au premier abord, de deux autres témoins, les *Chlorures d'Ammonium* et *de Calcium*, que nous trouvons inscrits dans l'analyse de M. Schmidt.

Les conditions dans lesquelles opérait ce dernier nous expliquent parfaitement, en effet, la survivance, en apparence anormale, de ces Chlorures.

On conçoit que les proportions des Sels minéraux, dans le produit de la digestion, doivent varier très notablement suivant la nature des aliments qui les ont fournis. Si l'alimentation est exclusivement ou en très grande partie constituée par des végétaux, on pourra trouver dans le Chyme un excès de Phosphate alcalin, sans aucune trace de Chlorure de Magnésium ou de Calcium; tandis que, avec une alimentation très animalisée, la pénurie relative de Phosphate neutre alcalin laissera, au contraire, indécomposés une proportion plus ou moins grande de ces Chlorures.

C'est ce qui explique pourquoi M. Schmidt n'a rencontré, dans l'estomac des chiens, aucune trace de Phosphate alcalin ; tandis qu'il y a trouvé du Chlorure de Calcium non décomposé ; par suite de l'excès de Phosphate calcaire, dans les aliments préférés par ces animaux.

Nous avons fait remarquer précédemment que la Magnésie existe, en très grande partie dans la chair et en totalité dans les os, à l'état de *Phosphate ammoniaco-magnésien*, que l'Acide chlorhydrique de l'estomac doit transformer en Phosphate acide et en Chlorures de Magnésium et d'Ammonium.

Or, dans la nourriture des chiens, le Phosphate ammoniaco-magnésien est, par rapport au Phosphate de Chaux des os, en proportion beaucoup trop faible, pour que le Chlorure de Magnésium formé ne se transforme pas en totalité en Sesqui-Phosphate. C'est pourquoi, dans l'analyse de M. Schmidt, l'on ne trouve plus trace de ce Chlorure, tandis que l'on y voit du Chlorure de Calcium non décomposé.

Quant au *Chlorure d'Ammonium*, comme rien ne nous permet de penser qu'il puisse réagir avec le Phosphate alcalin pour passer lui-même à l'état de Phosphate d'Ammoniaque, il est tout naturel qu'on le retrouve inaltéré, parmi les produits de la digestion.

D'après toutes les considérations qui précèdent, on pourrait supposer que, parmi les préparations phosphatées employées actuellement, celles qui ont pour base le **Chlorhydro-Phosphate de Chaux** doivent être, à nos yeux, considérées comme les meilleures.

Il en serait ainsi, en effet, si ce produit, composé de Phosphate acide de Chaux et de Chlorure de Calcium, rencontrait dans l'économie assez de Phosphate neutre alcalin pour se transformer intégralement en Sesqui-Phosphate. Malheureusement les Phosphates des aliments se suffisent entre eux, et ce n'est pas le Phosphate de Potasse monobasique, résultant de la digestion, qui pourrait opérer sa transformation. Ce dernier sera bien, jusqu'à un certain point, un utile agent de dissolution, si l'on emploie comme traitement du Phosphate basique de Chaux convenablement préparé, et combiné d'avance avec une matière protéique nutrimentive ; mais il est tout à fait impuissant à transformer les Phosphates acides et les Chlorures terreux en Sesqui-Phosphates, et nous ne voyons pas comment, dans ces conditions, le Chlorhydro-Phosphate de Chaux non modifié pourrait se transformer, dans l'économie, en Phosphate tribasique physiologique.

ASSIMILATION DES PHOSPHATES TERREUX
PAR L'INTERMÉDIAIRE DU FER

Nous savons que le Fer ne peut s'assimiler qu'à la condition d'être combiné avec la matière azotée; et comme nous avons observé, d'autre part, que la génération des Globules sanguins exige le concours, *en proportion définie*, d'un Albuminate de Fer et d'un Albuminate à base alcaline, il nous est très facile de discerner pour quelle raison les Ferrugineux, les plus assimilables de leur nature, ne peuvent cependant augmenter que progressivement, et dans une limite déterminée, la quantité numérique des Hématies; puisque tout le Fer, qui se trouve en excès pendant la digestion, ou si l'on aime mieux, qui se trouve en disproportion avec la quantité limitée de l'Albuminate à base alcaline, n'est pas apte à former des globules sanguins, et passe comme un corps étranger à travers la circulation.

Il résulte, en effet, des expériences de MM. Mitscherlisch et Quevenne que, lorsqu'un Sel soluble de Fer subit, avec les aliments, l'influence du Suc gastrique, il se produit tout d'abord un précipité azoté, qui se redissout, « à mesure que la digestion de la matière organique, combinée avec le Fer, s'opère soit dans l'estomac, soit dans l'intestin (1). »

Du reste, si, parmi les Ferrugineux, il en est qui se digèrent avec assez de facilité pour augmenter promptement les réactions vitales, on peut affirmer sans témérité que la plupart restent inactifs; par suite de leur refus, soit de se dissoudre dans l'estomac, soit de se combiner avec la matière albuminoïde, soit enfin de subir dans le Chyle aucune utile transformation.

Tel est, au premier rang, le **Phosphate Ferrique** qui, bien que non formé par les végétaux, se rencontre invariablement dans toutes les parties de l'organisation animale et finalement dans les Excreta.

Que l'on analyse avec soin la *Chair musculaire*, comme Keller; les *Os,* comme Hintz et Nicklès; la *Salive*, comme

(1) Soubeiran, *Traité de pharm.*, t. II, p. 367.

Gautier ; les *Concrétions,* comme Gautier et Friedreich ; le *Suc gastrique,* comme Schmidt ; le *Suc pancréatique,* comme Schmidt et Claude Bernard ; les *Tubercules calcifiés,* comme F. Boudet ; le *Pus,* comme Schlossberger ; les *Excréments,* comme Porter ; et les *Urines,* comme cent autres ; partout on trouvera du Phosphate Ferrique, dont la présence ne peut évidemment s'expliquer que par l'ultime transformation, dans l'économie, des Oxydes de Fer et du Phosphate Ferreux, qui nous sont fournis par les animaux et les végétaux.

Nous nous sommes souvent demandés comment une telle transformation peut s'effectuer ; et pour résoudre cette question, d'une si haute importance physiologique, nous avons voulu connaître d'abord les modifications qu'éprouvent les Phosphates des aliments, dans le cours de la digestion.

Nous avons bien constaté déjà que les Protéo-Phosphates terreux ne sont absorbés qu'après qu'ils ont été amenés à l'état de *Sesqui-Phosphates.*

Mais lorsque cette première condition se trouve remplie et que les Sels, digérés et solubilisés, se sont endosmosés dans les veines, il faut évidemment qu'ils subissent encore une dernière métamorphose ; c'est-à-dire qu'ils soient ramenés à l'état insoluble de Phosphates tribasiques de Chaux et de Magnésie.

Or, il est facile de s'assurer que, parmi tous les corps minéraux qui existent dans l'organisme, il n'y a absolument que l'Oxyde Ferrique et le Phosphate Ferreux, qui puissent, dans ce cas, faire office de réactif, *grâce à l'intervention de l'Oxygène fourni par l'air.*

Assimilation des Phosphates terreux par le Phosphate de Protoxyde de Fer.

$$\underset{\substack{\text{Sesqui-Phosphate}\\\text{de Chaux.}}}{3\text{CaO},2\text{PhO}^5} + \underset{\substack{\text{Phosphate}\\\text{Ferreux.}}}{2(2\text{FeO},\text{PhO}^5)} + \underset{\substack{\text{Oxy-}\\\text{gène.}}}{\text{O}^2} = \underset{\substack{\text{Phosphate}\\\text{Ferrique.}}}{2\text{Fe}^2\text{O}^3,3\text{PhO}^5} + \underset{\substack{\text{Phosphate}\\\text{tribasique de}\\\text{Chaux.}}}{3\text{CaO},\text{PhO}^5}$$

$$\underset{\substack{\text{Sesqui-Phosphate}\\\text{de Magnésie.}}}{3\text{MgO},2\text{PhO}^5} + \underset{\substack{\text{Phosphate}\\\text{Ferreux.}}}{2(2\text{FeO},\text{PhO}^5)} + \underset{\substack{\text{Oxy-}\\\text{gène.}}}{\text{O}^2} = \underset{\substack{\text{Phosphate}\\\text{Ferrique.}}}{2\text{Fe}^2\text{O}^3,3\text{PhO}^5} + \underset{\substack{\text{Phosphate}\\\text{tribasique de}\\\text{Magnésie.}}}{3\text{MgO},\text{PhO}^5}$$

Il est vrai que la quantité de Phosphate ferreux, qui nous est fournie par les aliments, est tellement faible qu'on ne peut pas admettre que son concours entre normalement pour beaucoup dans l'assimilation des Phosphates de Chaux et de Magnésie. Mais la réaction que nous venons d'indiquer emprunte une importance considérable à ce fait qu'elle nous permet :

1° De démontrer expérimentalement comment s'effectue, dans l'économie, la régénération spontanée des Phosphates tribasiques assimilables ; en exposant simplement à l'air une Solution de Sesqui-Phosphates et de Phosphate ferreux, qui, *sous la seule influence de l'Oxygène*, se transforment spontanément en Phosphate ferrique inactif et en Phosphates tribasiques de Chaux et de Magnésie.

2° De tourner aisément, désormais, l'insurmontable difficulté d'introduire dans le lait des nourrices et dans le fluide sanguin plus de Phosphates tribasiques de Chaux et de Magnésie que ne peut en dissoudre et en digérer la faible quantité d'Acide chlorhydrique du Suc gastrique ; en usant, pour cela, d'un simple subterfuge chimique, qui consiste à faire absorber une Solution de Phosphates *tout digérés*, — autrement dit transformés d'abord en Sesqui-Phosphates, — accompagnés de leur réactif, le Phosphate Ferreux ; lesquels, *sous la seule influence de l'Oxygène introduit par la respiration*, régénéreront forcément, comme ci-dessus, des Phosphates tribasiques de Chaux et de Magnésie, que leur combinaison spontanée avec la matière azotée emprisonnera dans l'économie.

La faible proportion de Phosphates terreux, que l'analyse décèle dans le fluide sanguin, (environ 35 centigrammes dans 1,000 grammes de sang humain), montre avec quelle rapidité les matériaux phosphatés sont assimilés.

Cette active assimilation, que la quantité très minime de Phosphate Ferreux contenue dans nos aliments ne justifie pas, et qui s'accompagne toujours cependant d'une élimination parallèle de Fer à l'état de Phosphate Ferrique, nous explique très simplement comment le principe ferrugineux des Globules rouges se renouvelle, en vertu d'une réaction que, par une équation très simplifiée, nous pouvons formuler ainsi :

Assimilation des Phosphates terreux par le Fer des Globules rouges.

$$\underset{\substack{\text{Fer}\\\text{Hématique.}}}{2Fe^2O^3} + \underset{\substack{\text{Sesqui-Phosphate}\\\text{de Chaux.}}}{3(3CaO,2PhO^5)} = \underset{\substack{\text{Phosphate tribasique}\\\text{de Chaux.}}}{3(3CaO,PhO^5)} + \underset{\substack{\text{Phosphate}\\\text{Ferrique.}}}{2Fe^2O^3,3PhO^5}$$

Ce mode d'élimination du Fer des Globules rouges n'est pas, comme on pourrait le penser, un de ces phénomènes conventionnels, que la science considère souvent comme démontrés; par cela seul qu'ils répondent logiquement à toutes les données d'une théorie.

La réalité de cette réaction intra-organique est démontrée, non seulement par le témoignage matériel de l'état chimique du Fer dans les Excreta, mais par tout un ensemble de phénomènes, tant physiologiques que curatifs, que nous pouvons désormais reproduire à notre volonté; et cela avec une précision, une sécurité dans les pronostics et les résultats, qui nous semblent mériter au plus haut degré l'attention du Physiologiste et du Médecin.

Le premier de ces phénomènes est l'*Anémie de Croissance*, qui se manifeste chez tous les jeunes gens, dont le développement trop rapide, à un certain moment, est nécessairement corrélatif d'une très grande suractivité des phénomènes chimiques, qui caractérisent la Nutrition.

Pendant cette période anormale d'acquisition, que l'on nomme communément l'Age critique de la Croissance, l'élongation générale des tissus mous, et plus encore l'accroissement exagéré du Système osseux, exigent forcément une assimilation plus accentuée des Phosphates physiologiques; et il est facile de constater, par l'analyse microscopique, que cette acquisition se traduit toujours par une élimination parallèle du Fer; autrement dit par une diminution des Globules rouges.

Si, comme nous l'avons très souvent expérimenté, on administre à ces jeunes gens, *sans aucune addition de Fer*, soit un mélange dosimétrique de Protéo-Phosphates pulvérisés, soit une Solution contenant les trois Phosphates physiologiques artificiellement digérés, — autrement dit, chimiquement transformés en Sesqui-Phosphates, — on voit bien, il est vrai, les douleurs musculaires s'évanouir, ainsi que la tendance à la Tuberculose, et l'appétit se développer avec activité; mais on ne voit pas pour cela les tissus se recolorer. On constate, tout au contraire, que leur décoloration s'accentue très rapidement; bien que le sujet, en réalité, ne témoigne d'aucune souffrance et ne présente à l'observation aucun signe symptomatique de maladie.

Cet effet singulier est plus caractéristique encore dans la *Chlorose;* car il suffit de soumettre une Chlorotique à l'usage exclusif soit des Protéo-Phosphates pulvérisés, soit d'une simple Solution de Sesqui-Phosphates, pour voir s'accentuer, pour ainsi dire à vue d'œil, tous les caractères de l'affection. Tandis que si l'on adjoint à son traitement spécifique la même Solution de Sesqui-Phosphates, *accompagnés de leur réactif*, la malade renaît à la vie avec une rapidité presque merveilleuse et reprend toutes les apparences d'une santé florissante en très peu de temps.

Certes, nous ne demandons pas que l'on renouvelle les deux expérimentations ci-dessus, qui, aux yeux du malade et du médecin, paraîtraient probablement dépourvues de prestige philantropique. Mais à côté des contre-indications, qu'il est élémentaire de respecter, combien d'autres expériences, réellement utiles, ne peut-on faire ?

Combien de Pléthoriques à décongestionner, de poches anévrysmales à renforcer, d'Hémoptysiques à guérir, de Congestions pulmonaires à dissiper !

S'il est vrai, ainsi que l'expérience l'a démontré, que, dans le traitement rationnel de toute affection dégénérative, les Sesqui-Phosphates ferrugineux doivent toujours avoir pour utile adjuvant les Protéo-Phosphates, comment pourrait-on admettre que ces derniers, administrés isolément, n'exerceront pas aussi leur action utile dans les Hémorragies, les Accidents de l'Age critique, l'Hypertrophie du Cœur, les Palpitations, la Cardialgie, les Fièvres, les Dyspnées, les Catarrhes chroniques, l'Asthme, la Bronchite, l'Emphysème pulmonaire, les Convulsions de l'enfance, la Dentition, le traitement des fractures ; dans tous les cas enfin où il y a lieu, soit de recourir à une influence décongestive, soit de fortifier des tissus sans suractiver la circulation ?

Pour notre part, si, comme il nous est permis de le désirer, la valeur technique de ce travail doit un jour être contrôlée par des expériences thérapeutiques, nous ne craignons pas d'affirmer ici que la réunion rationnelle et dosimétrique de tous les Phosphates physiologiques exigés par la Nutrition ; leur combinaison préalable avec la matière azotée ; leur digestion artificielle ; et la régénération intra-vasculaire des Phosphates terreux — par l'intermédiaire *facultatif*, soit du Phosphate ferreux introduit avec eux dans l'économie, soit du Fer contenu dans les Globules rouges, — constitueront dans leur ensemble, pour les praticiens expérimentés, une nouvelle méthode de traitement d'autant plus puissante, qu'elle seule leur permettra de faire intervenir, à leur gré, — en même temps que la suralimentation minérale alliée aux médicaments, — tantôt la stimulation générale et tantôt la décongestion.

GUÉRISON PAR LA NUTRITION
DE LA PHTHISIE
ET DES MALADIES DÉGÉNÉRATIVES

ÉTIOLOGIE DU TUBERCULE

Nous appelons **Maladies dégénératives** toutes les affections qui ont un caractère commun de débilitation progressive, résultant de l'altération ou d'un défaut d'assimilation de certains matériaux de la Nutrition.

On peut donc réunir sous cette dénomination : l'*Anémie*, la *Chlorose*, l'*Hémoptysie*, les *Catarrhes chroniques*, la *Scrofule*, le *Rachitisme*, l'*Ostéomalacie*, les *Tumeurs blanches*, la *Carie des Os*, le *Diabète*, l'*Albuminurie*, les *Dégénérescences ulcératives* et les *Tuberculoses* en général; dont la **Phthisie** pulmonaire, — que nous allons examiner spécialement, — est la plus haute expression et en quelque sorte le prototype.

On trouverait aisément la matière d'un gros volume dans l'énumération des travaux qui ont été publiés sur la Phthisie des poumons, et la reproduction de toutes les conjectures, qui ont été émises par leurs auteurs, sur l'étiologie de cette affection.

Notre objectif n'étant pas d'entreprendre une telle compilation, nous dirons simplement qu'il résulte pour nous, de l'interprétation des ouvrages contemporains et des observations qui nous sont personnelles, que la Phthisie est une lésion du tissu des poumons, due à l'altération de dépôts organiques accidentels, qu'on appelle des **Tubercules**, et qui se localisent dans le tissu, — *par suite d'une altération, provoquée, des matériaux Protéo-phosphatés du sang.*

Il ne nous paraît pas, en effet, que ces Tubercules gélatineux, ces corps organiques accidentels, dont l'origine et le mode d'accroissement ont donné lieu à tant d'hypothèses contradictoires, puissent être autre chose que des dépôts de la matière albuminoïde du sang, partiellement oxydée et rendue impropre à la nutrition par l'action d'un Ferment; puis rejetée, pour être expectorée, vers les organes respiratoires; où elle se localise insensiblement, en formant des masses insolubles, gélatineuses, sans trace de vaisseaux ni d'organisation.

C'est ainsi qu'à une molécule isolée d'autres molécules se juxtaposent, et constituent un nodule grisâtre et demi-transparent, qui se métamorphose d'abord en une sorte de caséum plus ou moins opaque; puis, comme toute matière organique privée de vie, se décompose et tombe en détritus, en laissant à sa place une excavation ulcérée... A moins que, par une dernière transformation très fréquente de sa substance, ce nodule ne passe à l'état cartilagineux et ne s'imprègne de *Phosphates terreux*, qui le rendront désormais inaltérable et inoffensif.

Il suffit de jeter un regard sur les analyses, pour constater que cette minéralisation spontanée, que l'on a considérée jusqu'ici comme une sorte de fossilisation imprévue et tout à fait exceptionnelle des Tubercules, n'est rien moins en réalité qu'une dernière phase, en quelque sorte normale, de la tuberculisation.

C'est effectivement par une gradation insensible, toujours la même, que les nodules demi-transparents, — uniquement formés, à leur état naissant, d'Albumine, de Gélatine, de Fibrine et d'eau en proportions à peu près égales, — s'infiltrent de *Sels calcaires* et se changent d'abord en « Tubercules crûs », — dans lesquels Thénard a trouvé 2 parties de Sels minéraux pour 98 parties d'eau et de matière albuminoïde; — puis en « Tubercules calcifiés, » qui finissent par contenir, d'après les constatations de F. Boudet, jusqu'à 96 0/0 de matières inorganiques, constituées en totalité d'une faible quantité de Phosphate ferrique, allié presque uniquement à du **Phosphate tribasique de Chaux**.

Pour qu'une telle transformation soit rendue possible, il faut évidemment que le fluide sanguin soit suffisamment riche en éléments calcificateurs; car si ces éléments font défaut, et si, par suite, la minéralisation reste inachevée ou on ne suit pas assez promptement sa progression normale, il est certain que rien n'empêchera la matière colloïde de s'altérer, sous l'action des Ferments divers qui infestent notre atmosphère, et de mortifier

les tissus adjacents par le simple contact des produits de sa corruption.

« Les matières albuminoïdes, écrit Schützenberger, subissent
à une douce température, en présence de l'eau, et après un accès
d'air plus ou moins prolongé, une altération progressive et profonde, accompagnée d'une combustion lente et d'un dégagement
de gaz fétides. Ces phénomènes, attribués pendant longtemps à
une instabilité propre aux corps de cette classe, sont le résultat,
d'après M. Pasteur, de développements d'infusoires, dont les
germes seraient apportés par l'air. »

Or, il serait difficile, on en conviendra, de trouver un milieu
plus propice que l'intérieur des poumons, constamment envahis
par l'air, pour amener cette altération progressive et profonde ;
dont l'habituelle lenteur, ici, s'explique du reste parfaitement,
depuis que M. Pasteur a également démontré que des substances
organiques très altérables peuvent se conserver longtemps dans
un ballon ouvert, « pourvu que le col en soit sinueux et humide ; »
c'est-à-dire pourvu qu'il présente à peu près les dispositions de
l'ensemble de l'appareil de la respiration.

On comprendra sans peine, d'après cela, que la transformation
des nodules gélatineux, en concrétions **phosphatées calcaires**,
doit être considérée, par tous les Médecins, comme la terminaison
la plus favorable de la Phthisie ; puisque c'est, en somme, *le seul
moyen que la nature emploie*, pour rendre inoffensifs et frapper
d'inertie ces dangereux dépôts de matière mortifiée.

Il y a longtemps, d'ailleurs, que cette minéralisation subsé-
quente des Tubercules a été signalée par les observateurs comme
le seul mode de guérison, vers lequel devraient tendre tous les
efforts de la Thérapeutique et de la Chimie. « Les Tubercules
des poumons, disait Grisolle il y a soixante ans, subissent souvent
la transformation crétacée, calcaire, et dans quelques cas rares,
une véritable ossification. On sait positivement aujourd'hui que
*ces concrétions sont l'indice des efforts que fait la nature pour
opérer la guérison de la maladie.* »

On a constaté, effectivement, que les Huit dixièmes au moins
des personnes, qui meurent à l'âge adulte d'une affection autre
que la Phthisie, portent dans leurs poumons des traces irrécusables d'une Tuberculose ainsi modifiée.

C'est à peu près la proportion observée par Natalis Guillot,
chez les vieillards décédés à Bicêtre ; et aussi celle qui a été cons-

tatée par F. Boudet, chez tous les sujets, âgés de quinze à soixante-seize ans, dont il a fait l'autopsie dans les hôpitaux. Et cependant cette proportion, d'après les recherches de M. Beau, serait peut-être trop faible encore; puisque sur cent soixante femmes, dont ce dernier a examiné les poumons à la Salpêtrière, cent cinquante-sept, — c'est-à-dire *quatre-vingt-dix-huit sur cent!* — présentaient des traces irrécusables de la Phthisie ; le plus souvent guérie ou régulièrement engagée dans la voie d'une heureuse terminaison.

Ces faits, que l'on peut trouver consignés dans la plupart des Ouvrages pathologiques, doivent être pour le malade un très sérieux motif d'encouragement; puisqu'ils servent à démontrer que, si la Phthisie des poumons est une des affections les plus fréquentes que l'on connaisse, elle est aussi, contrairement à l'opinion répandue, une de celles qui guérissent spontanément avec le plus de facilité.

Pourquoi faut-il, malheureusement, que malgré toutes les recherches de la Science, rien n'ait pu nous initier au secret de ces guérisons?

Pourquoi faut-il qu'aujourd'hui encore, près d'un siècle après Laënnec, la Médecine soit forcée d'avouer que « si la guérison de la Phthisie n'est pas au-dessus des forces de la nature, l'art ne possède encore aucun moyen certain d'arriver à ce résultat »?

C'est vainement, hélas! qu'on a fouillé le mal, à l'aide du scalpel et de l'analyse; vainement qu'on l'a combattu, pas à pas et dans toutes ses manifestations, par mille traitements empiriques ou rationnels. L'insuccès a été constant, ainsi qu'il arrive toujours quand on veut combattre un effet, dont la cause ignorée persiste.

Serons-nous plus favorisé que nos devanciers? Avons-nous enfin entrevu l'œuvre mystérieuse, et trouvé l'élément régénérateur que la nature emploie pour l'exécuter?

L'avenir le dira, sans qu'il soit besoin pour cela de notre affirmation.

DIATHÈSE TUBERCULEUSE

Si nous ne craignions pas d'offenser les Nomenclatures, nous oiviserions volontiers toutes les maladies en deux grandes Classes bien définies : inscrivant d'un côté celles qui laissent à nos humeurs leur intégrité et qui sont provoquées par un trouble nerveux ou par une cause toute physique; et réunissant, d'autre part, toutes les affections, qui sont la conséquence obligée d'une altération chimique du sang et des autres humeurs en circulation.

Les Maladies de cette dernière Classe pourraient être considérées comme de vrais empoisonnements; s'il est vrai que l'on doit tenir pour *Poisons* « toutes les substances qui, introduites dans l'économie animale, agissent d'une manière nuisible sur les tissus »; par conséquent tous les *Altérants*, les *Toxiques* divers, les *Miasmes*, les *Virus*, les *Ferments*, en un mot tous les corps étrangers et tous les organismes parasitaires, qui troublent les fonctions en produisant chacun une diathèse déterminée.

Ainsi que nous l'avons imprimé déjà, à propos des Ferments du sang (1), il est un fait qui caractérise toujours la présence de ces derniers; c'est que, lorsqu'ils prolifient dans le système circulatoire, tous les organismes inférieurs, qu'ils soient Microphytes ou Microzoaires, provoquent une poussée fibrile plus ou moins forte, indice d'un mouvement plus ou moins actif de fermentation.

Chacune des maladies engendrées par ces organismes parasitaires est, naturellement, corrélative du développement d'un microbe particulier; lequel, suivant sa nature, son mode d'action, sa prolification plus ou moins rapide, et aussi suivant la région ou les éléments qu'il attaque de préférence, détermine l'apparition de tous les phénomènes particuliers, caractéristiques de l'affection.

Ainsi la Rougeole, la Scarlatine, la Variole, la Fièvre Typhoïde, la Fièvre Jaune, etc., toutes maladies caractérisées par l'altération du fluide sanguin, et qui sont provoquées par des végétaux

(1) *Le Choléra ; sa nature, sa physiologie et son traitement.* (V. Union Pharm.; août 1885.)

ou des animalcules, présentent respectivement des caractères idiopathiques bien définis. Mais, dans l'ensemble de leurs symptômes, il est toujours facile de discerner, comme lien de communauté, les signes spéciaux d'une grande dénutrition par fermentation : c'est-à-dire une élévation généralement très marquée de la température, et l'aliénation, — par éruption cutanée, diarrhée, vomissement, localisation ou excrétion quelconque, — soit de Globules dénaturés, soit de matériaux azotés, incomplètement comburés et rendus inassimilables par un Ferment.

La diathèse tuberculeuse, qui présente au plus haut degré ce caractère spécial de dénutrition, doit donc être envisagée comme le résultat de l'intervention d'un microbe particulier ; lequel, vivant et proliférant aux dépens des matériaux albuminoïdes, les dénature suffisamment pour les rendre inassimilables, c'est-à-dire étrangers à toute attraction de leurs similaires organisés.

Cette manière de voir se trouve, du reste, justifiée déjà par les deux considérations suivantes :

1° Que tous les organismes inférieurs vivent surtout aux dépens des composés albuminoïdes, qu'ils dénaturent profondément en s'appropriant leur Azote et les Phosphates terreux (*Jules Lefort*).

2° Que, dans la Phthisie, on constate précisément une très grande élimination de Phosphates terreux et de matière albuminoïde dénaturée.

Une autre considération, que l'on peut faire valoir encore, nous est fournie par l'amaigrissement progressif que l'on constate chez les Phthisiques, et qui, en l'absence de tout excès de comburation, — incompatible avec la diminution constatée des Globules rouges, — ne peut s'expliquer autrement que par une très grande déperdition de matériaux plastiques dénaturés.

Comme, en effet, le Fer diminue progressivement chez les Poitrinaires, et que par conséquent l'activité des comburations diminue parallèlement, on conçoit qu'il n'y aurait aucune raison de voir disparaître le tissu musculaire et le tissu adipeux, si la matière azotée, après avoir été convenablement élaborée par la digestion, n'éprouvait pas, dans le sang, une certaine altération, qui, d'après les observations de M. Pasteur, *n'est jamais spontanée.*

« Ce n'est pas la matière albuminoïde, dit en effet M. Wurtz, qui peut jouer par elle-même le rôle d'un ferment ; elle fournit simplement les substances nécessaires à son développement. Et ces substances sont l'Ammoniaque et les matières minérales, parmi lesquelles il faut citer principalement les *Phosphates terreux.* »

On voit que ce ne sont pas les arguments qui peuvent faire défaut pour démontrer que les Sueurs, la Diarrhée, la Fièvre hectique, la Cachexie, la localisation de la matière albuminoïde dans les poumons, en un mot tous les phénomènes morbides, caractéristiques de la Phthisie, ne sont dus ni à un trouble trophique ou constitutionnel, ni à un excès de comburation par les hématies, ni à une perversion de la Nutrition, ni enfin à une altération spontanée du tissu pulmonaire même; mais sont le résultat direct, la conséquence obligée, *de la dénaturation et de l'expulsion d'une partie des matériaux Protéo-Phosphatés, rendus inassimilables par un Ferment.*

On sait, du reste, avec quelle rigueur de démonstration le caractère infectieux de la maladie a été mis à jour par les travaux de MM. Villemin, Lébert et Wyss, Hérard et Cornil, Roustan, Chauveau, Klebs, Worms et Gunther, Leiseving, Zürn, Peuch, etc., etc.; dont les expériences ont si bien démontré la transmissibilité de la Tuberculose, par l'inoculation de la matière tuberculeuse ou des produits de l'expectoration, et même par la simple alimentation avec du lait fourni par des vaches contaminées.

Or, si les tubercules et les crachats, si le lait même non bouilli, peuvent développer, chez les animaux, l'infection phymatogénique, à plus forte raison une goutte de sang phthisique, introduite dans les veines d'un homme sain, devra-t-elle provoquer la même infection, qui pourra se manifester promptement, si l'organisme affaibli est en état suffisant de réceptivité; ou bien demeurer à l'état latent, si la constitution réfractaire, ou convenablement protégée, peut opposer au mal une force suffisante de réaction.

Il peut paraître, au premier abord, que la belle découverte du bacille du Dr Koch, et la publication presque journalière de nouvelles observations, auraient dû nous dispenser de cet exposé; mais notre étude étant surtout chimique, il convenait que nous nous rendions compte d'abord du trouble chimique de l'affection; afin de pouvoir préciser plus exactement la raison de ses caractères pathologiques, et d'arriver ensuite à un mode de traitement rationnel, par l'interprétation rigoureuse des faits acquis.

Nous savons que chaque Ferment a sa loi propre d'évolution, en vertu de laquelle il ne peut se développer que dans un certain milieu, qui, pour les êtres morbigènes, se trouve ordinairement circonscrit soit dans un fluide ou dans un organe, soit dans un produit spécial de l'organisation.

C'est ainsi que le sporule invisible du minuscule Mucor qui engendre le Choléra, — en provoquant, par la désagrégation de la muqueuse des intestins, la rapide exosmose de la partie aqueuse du sang et des autres humeurs, dont meurent victimes les Cholériques, — ne peut trouver en nous son terrain de culture que sur l'*Epithélium prismatique non cilié*; autrement dit, sur la membrane épithéliale du canal digestif, qui s'étend exclusivement de l'Anus jusqu'au Cardia.

C'est ainsi encore que les ferments du Charbon, de la Fièvre Typhoïde, de la Fièvre Jaune, de la Peste, etc., s'attaquent plus spécialement aux Globules rouges; tandis que celui qui développe la Rage affectionne préférablement les humeurs, qui imprègnent les ganglions et les faisceaux nerveux.

Le milieu spécial à chaque Ferment est, du reste, indiqué non seulement par les caractères propres de l'affection, mais par la façon dont le Ferment lui-même est éliminé.

Ainsi, c'est parce que le germe du Choléra a son unique terrain de prolifération sur l'Epithélium superficiel des membranes intestinales, et qu'il ne peut par conséquent pénétrer et agir dans la circulation, qu'il ne provoque aucun phénomène fébrile, et qu'il s'élimine exclusivement par les évacuations de l'appareil digestif, sans être accompagné d'aucune matière azotée, altérée par lui, autre que les fragments de l'épithélium.

C'est aussi parce qu'ils vivent et se conservent longtemps dans l'humeur lymphatique, que certains germes aérobies viennent se développer et fructifier, principalement au printemps, sur nos membranes extérieures, en produisant les accidents cutanés les plus variés : Boutons, Dartres, Herpès, Lichens, etc.

Quant aux Ferments qui se localisent réellement dans le fluide sanguin, en vivant aux dépens de tel ou tel élément d'organisation, ils partagent le sort de tous les corps étrangers, que la nature expulse plus ou moins violemment, suivant leur degré de solubilité; soit par l'exagération de quelque sécrétion, se traduisant par de la diarrhée, des accès de sueurs ou des vomissements; soit par la formation de certains dépôts, tels que les Abcès, les Furoncles et les Anthrax; soit enfin par des éruptions cutanées, comme par exemple dans la Rougeole, la Variole, la Scarlatine, et nombre d'affections à caractère épidémique ou contagieux.

Nous sommes donc certains que, si la Phthisie est réellement provoquée par un organisme parasitaire, un Ferment *figuré*, vivant aux dépens de certains éléments azotés du fluide Chyleux, — comme dans le Carreau, — ou bien de matériaux plus élaborés et déjà versés dans le système circulatoire; nous sommes certains, disons-nous, que cette affection devra se caractériser par des expulsions de Ferments et de matières protéiques dénaturées.

Journellement, dans notre état normal, nous constatons que des matières albuminoïdes, plus ou moins altérées, sont rejetées de la circulation et chassées de l'économie, à travers les tissus des organes respiratoires.

Etant moléculairement divisées, ces matières peuvent s'éliminer par simple sécrétion; mais les groupes moléculaires, les corps déjà formés, les Ferments figurés, pour si petits qu'ils soient, ne le peuvent pas; aussi pouvons-nous poser en principe qu'il ne s'ouvre pas un bouton, sur une partie quelconque de notre corps, qui ne soit l'indice et la conséquence de l'expulsion, soit d'un Ferment figuré, soit d'une matière insoluble et sans similaire, qui s'est constituée à l'état de corps étranger.

Le microbe phymatogène, en sa qualité d'être organisé, ne saurait donc être éliminé à travers le tissu des poumons, sans provoquer une lésion, une solution de continuité, par laquelle la matière mortifiée s'éliminera avec lui, en formant un nodule gélatineux, qui sera le *Tubercule* de la Phthisie; lequel continuera à grossir, par l'effet de l'attraction élective des molécules, jusqu'au moment où les ferments de l'air le feront entrer en putréfaction. A moins, comme nous l'avons dit, que, par une adjonction de **Phosphate terreux**, il ne soit transformé graduellement en une masse fossilisée.

On voit que cette digression n'a pas été aussi superflue qu'on pouvait le croire, puisqu'en nous dévoilant la genèse du Tubercule, elle nous amène à conclure logiquement, — en dehors de toute vaine spéculation et par la simple connaissance des faits chimiques, — que le seul traitement rationnel de la Phthisie des Poumons doit se résumer dans ces indications :

Arrêter, dans le sang, la prolification du Ferment.

Retarder autant qu'il se peut la dégénérescence des Tubercules, en évitant de modifier par des réactifs la matière à fossiliser.

Faire parvenir à cette matière l'excès d'élément minéral, qui peut seul assurer sa fossilisation.

Parmi les théories qui ont été émises, pour arriver à la curation de la maladie, il en est peu que l'on puisse considérer comme une juste interprétation des moyens que la nature emploie pour enrayer le mal au moment de son éclosion. Et cependant, si l'on voulait passer en revue les mille préparations, qui ont été préconisées tour à tour pour guérir les Tuberculoses, il serait facile de constater que celles-là seules ont pu jouir d'une certaine efficacité, qui pouvaient amener la calcification, ou qui du moins étaient de nature à la protéger

N'est-ce pas, en effet, à leur influence fermenticide que les **Goudrons**, les **Baumes**, les **Sulfureux**, le **Chlore**, l'**Iode**, l'**Arsenic**, le **Sel marin**, l'**Alcool**, les **Sulfites**, les **Hyposulfites**, etc., ont dû des améliorations éphémères et leur vogue momentanée?

N'est-ce pas à leur matière azotée, particulièrement riche en élément Protéo-calcaire, que l'**Huile de Foie de Morue** et les **Escargots crus** ont été redevables, pendant longtemps, d'être considérés comme les seuls spécifiques réels, non seulement de la Phthisie des poumons, mais de toutes les affections dégénératives?

« Qui n'a pas expérimenté l'usage de ces Mollusques, disait le Dr Joachim Pascal en parlant des Escargots crus, ne peut croire aux effets salutaires qu'ils produisent dans les cas graves. »
Et nous savons, par de nombreuses observations, combien cela est vrai, lorsque, dans un traitement journalier, on les fait absorber sans préparation et à forte dose; et non pas, comme on le fait aujourd'hui, sur la foi du Codex, en les dépouillant préalablement, par des lavages réitérés, de leur élément calcificateur.

Ce que nous disons-là des Escargots crus s'applique également à l'**Huile de Foie de Morue**, qui fut un Reconstituant sans pareil aussi longtemps qu'elle renferma une matière azotée, essentiellement Protéo-calcaire, la *Gaduine*, et qui se montre à peu près sans vertu, comme agent spécial de régénération, depuis qu'un art trop intelligent est parvenu à l'en dépouiller.

On sait que, primitivement, l'Huile de Foie de Morue était préparée, dans les pêcheries, en faisant fermenter à l'air les foies, mêlés de sang et de débris de viscères, qu'on jetait simplement pêle-mêle dans des tonneaux.

Le pêcheur, peu chimiste de sa nature, laissait alors volontiers au Soleil le soin de séparer, de l'amas en putréfaction, le liquide noirâtre, infect, que seuls quelques tanneurs réclamaient de son industrie.

Certes, nous convenons qu'il fallait posséder une volonté ferme, pour boire sans horreur cette humeur de poissons pourris, dans laquelle on voyait flotter les glaireuses mucosités engendrées de la corruption. Mais du moins ceux qui l'absorbaient sentaient-ils leur force renaître et leur mal disparaître insensiblement.

Il était à prévoir que, pour développer cette exploitation et complaire au goût des malades, l'Industrie ne tarderait pas à intervenir, en se donnant l'utile mission de priver le corps gras de ces répugnantes mucosités.

La coagulation par une température élevée, la filtration au noir animal, et de mystérieuses épurations à l'aide du Vitriol et de la Potasse, eurent vite raison de la *Gaduine*, des *Phosphates*, des *Iodures*, de toutes les « impuretés » en un mot, qui souillaient le produit et en altéraient la limpidité.

Et c'est ainsi qu'on nous livre aujourd'hui, sous d'heureux qualificatifs, une Huile *neutre* et à peine ambrée, bien supérieure certainement, — par l'aspect et par la saveur, — à la purée barbare des anciens jours.

Il est vrai que cette Huile ne guérit plus. Mais qu'importe, en définitive, puisque tous les malades la préfèrent ainsi, et se tiennent pour satisfaits de lui trouver encore, comme garantie de son origine, une vague odeur de poisson, que d'aucuns disent mitigée par une ample addition d'Huile de Colza?

Il est très naturel que des malades inconscients, et libres dans leur choix, adoptent le produit épuré de préférence au produit infect. Mais ce qui véritablement est fait pour nous surprendre, c'est de voir le Chimiste et le Médecin ne pas s'élever contre cette option, après qu'il a été constaté par les analyses :

— « 1° Que le Phosphore n'existe pas dans les Huiles vierges neutres de Morue, et que si on trouve cet élément dans les Huiles brunes, c'est parce qu'elles sont acides, et parce que le Phosphate terreux du tissu du foie s'est dissous dans le corps gras en proportion de son acidité.

— « 2° Que, de même que le Phosphore, l'Iode n'existe pas dans les Huiles vierges bien neutres, et apparaît au contraire dans les espèces acides, âcres, brunes, en proportion de leur coloration et de leur acidité (1). »

On voit, d'après cela, que si l'Huile de Foie de Morue n'est plus aujourd'hui qu'un aliment gras, un élément d'épargne liparogène, elle le doit, bien réellement, aux « perfectionnements » apportés à sa préparation ; puisque ces prétendus perfectionnements ont exclusivement pour but d'éliminer la matière albuminoïde du foie, et de priver ainsi le corps gras de tous ses éléments régénérateurs.

Le jour où l'on reviendra au procédé primitif — qui avait l'avantage de libérer par la fermentation, et de solubiliser par l'action des Acides gras, la matière Iodée et Protéo-calcaire du parenchyme — on verra l'Huile de Foie de Morue reprendre, parmi les Reconstituants, le rang exceptionnel qu'elle avait conquis autrefois. Mais jusque-là, sans prétendre qu'il soit inutile de l'employer, nous pensons que son efficacité sera toujours loin d'être comparable à celle des aliments azotés, plastiques, riches en éléments calcificateurs ; tels par exemple que les Œufs crus et les Escargots simplement nettoyés sans être lavés.

Car, en définitive, en dehors de l'exercice au grand air, de l'emploi des Antiseptiques et des Toniques, et de la suralimentation azotée, calcaire, quels sont les autres modes de traitement qui se sont distingués jusqu'ici par une amélioration quelque peu durable ?

Quel est donc le progrès réel qui infirme aujourd'hui l'aveu du D\ Louis, disant que « dans les faits de guérison connus jusqu'ici, le résultat a été obtenu, non pas par quelque circonstance fortuite et néanmoins appréciable, plus ou moins facile à reproduire dès lors, mais par des circonstances individuelles entièrement inconnues » ?

« La maladie tuberculeuse, une fois établie, est au-dessus de la puissance de notre art », disait Watson, il y a près de cinquante ans, et nous ne voyons pas que la situation ait bien changé depuis, malgré les inventions de la Phospholigie, des Granules de Sylphium, des Injections sous-cutanées, des Transfusions de sang et des Vaches médicinales.

(1) *De la présence du Phosphore et de l'Iode dans l'Huile de foie de Morue,* P. Carles. (*Union pharm.,* déc. 1881.)

TRAITEMENT DE LA PHTHISIE

Parmi les causes assez obscures qui, après la période d'incubation, déterminent dans les poumons la localisation de la matière tuberculeuse, la plus commune, assurément, réside dans le soin tout particulier que l'on prend d'empêcher les premières manifestations de la maladie.

Nous avons dit précédemment que le Tubercule est un simple dépôt des matières albuminoïdes dénaturées et rendues insolubles, qui, charriées par le sang, tendent finalement à s'éliminer, en même temps que les ferments, à travers les muqueuses de l'appareil de la respiration.

Cet appareil étant la partie de l'économie où les vaisseaux sanguins sont les plus superficiels, les plus extensibles et les plus minces, nous concevons sans peine que les matériaux azotés, qui ne sont pas assimilables à nos tissus, doivent s'éliminer de préférence par cette voie; ainsi qu'il est aisé d'en juger, d'ailleurs, par notre commune tendance à l'expectoration.

Or, il est évident que si toute la matière, ainsi rejetée de la circulation, était expectorée à mesure qu'elle transsude, elle n'arriverait jamais à former dans l'intérieur des poumons, ces nodules multiples, plus ou moins gros, qui sont l'élément le plus dangereux de la maladie.

Nous verrions bien des crachements de sang se manifester, puisqu'ils sont la conséquence presque obligée des lésions des vaisseaux sanguins, produites par l'expulsion des organismes parasitaires; — mais le mal pourrait se réduire à une consomption progressive, sans la complication de cette dégénérescence localisée, qui, en circonscrivant progressivement le champ de l'hématose, constitue l'un des côtés les plus graves de l'affection.

Peut-être pourrait-on, dans ces conditions, enrayer la Phthisie par réaction vitale; c'est-à-dire en empêchant le ferment de prolifier, par simple suppression de l'état de réceptivité.

Malheureusement, ce n'est guère que chez les sujets très insouciants que les choses peuvent quelquefois se passer ainsi.

Sitôt que le ferment commence, au fond de l'être, à remuer son œuvre, la nature intelligente, qui l'entend sourdre, fait ses préparatifs pour parer au danger.

En attendant qu'elle trouve un moyen d'anéantir le monstre, elle se hâte de préparer la voie, par laquelle elle chassera au dehors tous les matériaux qu'il aura désorganisés : débris malsains, épaves mortes, que le fluide sanguin va charrier tantôt.

C'est aux bronches, nous l'avons dit, que l'organisme envoie en majeure partie, les résidus visqueux de nos oxydations. C'est donc aux bronches qu'elle fixe son exutoire, et qu'elle commence à l'instant le travail lent et irritatif, qui doit y amener la super-sécrétion.

Vienne le sang veineux, chargé de ses dépouilles; l'organe est prêt pour les recevoir. Une toux sèche en est l'indice, et l'expectoration fonctionnera bientôt.

Tout irait donc pour le mieux dans la plus mauvaise des diathèses, si le malade, hélas! qui n'entend rien à l'instinct de conservation de son organisme, ne s'empressait de dissiper, par tous les moyens, cette irritation; et si les conseilleurs, toujours trop empressés, ne venaient très obligeamment aggraver à l'envi la situation, avec la prétention de l'améliorer.

Tous ces doctes amis, qui s'imaginent voir, dans chaque accès de toux, une provocation à la Tuberculose, ne manquent pas de persuader au patient que son médecin a grand tort de ne pas juguler cette Bronchite rebelle, qui menace, en s'éternisant, de dégénérer en Phthisie; et comme les Révulsifs et les Pectoraux ont toujours fait merveille, il faut bien qu'à la fin la nature renonce à son bienfaisant exutoire, et laisse se former les funestes dépôts de matières mortifiées.

Pauvre nature vigilante! C'est en vain que, fiévreuse et comme indignée, tu voudras chasser maintenant, par les entrailles et par la peau, le flot des malsaines mucosités qui se portent vers la poitrine.

L'homme, plus vigilant, combattra les sueurs, combattra la diarrhée; jusqu'au funèbre jour où, triomphant par vos efforts même, la Phthisie scellera dans la mort votre lamentable et trop long duel.

Que de gens ont ainsi payé de leur existence tous les bons soins qu'on leur prodigua pour la conserver! De combien ne pourrait-on dire, avec le Fabuliste :

> Et cette tête chère,
> Pour qui l'art d'Esculape en vain fit ce qu'il put,
> Dut sa perte à ces soins qu'on prit pour son salut!

On doit voir, par cet exposé, combien nous sommes loin de partager l'opinion de Stahl, qui prétendait qu'un Rhume négligé est une Phthisie commencée.

Certes, nous admettons qu'une Bronchite, une Pneumonie, puissent dans bien des cas être les précurseurs de la Tuberculose; mais nous ne pensons pas que ces affections soient, jamais, en principe, la cause première et le point de départ de la dyscrasie.

Cette opinion, d'ailleurs, ne nous est pas personnelle.

« La Phthisie, lisons-nous dans Nysten, débute le plus ordinairement par une petit toux sèche ; ce qui a fait dire, mal à propos, qu'elle est souvent le résultat d'un Rhume négligé. »

« Quant à la Pneumonie, dit Grisolle, on peut s'assurer par l'interrogatoire que cette maladie ne se retrouve pas fréquemment dans les antécédents des Phthisiques ; et j'ai prouvé, en outre, que la Phthisie ne succède immédiatement à la Pneumonie que dans un trentième des cas à peine. »

Et il ajoute un peu plus loin :

« L'influence du Catarrhe pulmonaire sur le développement des tubercules n'est pas mieux démontrée que celle de la Pneumonie. Ainsi les deux tiers des Phthisiques, interrogés par M. Louis, n'étaient pas sujets à s'enrhumer. »

D'où il résulte, évidemment, que le prétendu Rhume, auteur responsable de la Phthisie, est simplement une des manifestations de la diathèse, et que c'est s'aventurer singulièrement que de vouloir combattre une Toux sèche, une Expectoration établie, autrement que par l'emploi des *Diffusibles*, des *Fluidifiants alcalins*, des *Expectorants*, et surtout par l'administration préventive des Protéo-Phosphates pulvérisés; sans préjudice, bien entendu, de tous moyens adjuvants, à la convenance du Médecin, parmi lesquels nous signalerons d'une manière particulière le rappel ou l'augmentation de la Sudation habituelle des pieds, — dont la suppression spontanée ou accidentelle est une cause déterminante de la Phthisie beaucoup plus fréquente qu'on ne le croit.

Les seuls Médicaments employés actuellement, auxquels on puisse reconnaître une réelle valeur comme Anti-Phthisiques, et dont l'intervention semble s'imposer dans tous les modes de traitements prophylactiques ou curatifs, sont, selon nous, les **Antiseptiques Cicatrisants** — tels que les solutions de *Créosote de Hêtre*, d'*Acide phénique* cristallisé, etc., — qui ont toujours leur emploi marqué, pour arrêter dans le sang la prolification du Ferment, assainir et cicatriser les excavations ulcérées, et retarder autant qu'il se peut la dégénérescence des Tubercules.

Le Poitrinaire qui veut guérir ne doit pas, en effet, perdre un instant de vue que dans les cas, *extrêmement nombreux*, où une prompte guérison spontanée est intervenue, cette Guérison **a toujours eu lieu par PHOSPHATISATION**; autrement dit par la fossilisation, au moyen des Phosphates terreux, de la matière organique des Tubercules; et que, par conséquent, la première condition à remplir, si l'on veut que cette fossilisation spontanée puisse s'effectuer, c'est d'empêcher avec le plus grand soin la matière tuberculeuse de s'altérer. Or, on ne peut atteindre ce résultat que par une absorption régulière et suffisamment prolongée de substances antiseptiques, principalement par la voie de l'inhalation.

L'introduction de médicaments volatils par les voies aériennes constitue, en effet, le mode d'absorption le plus simple et le plus actif; aussi existe-t-il une grande variété de *Pulvérisateurs* et d'*Inhalateurs*, destinés à projeter mécaniquement, dans les organes respiratoires, des liquides très divisés ou vaporisés.

Ces appareils peuvent être d'un grand secours dans le traitement des affections du larynx; mais, lorsqu'il s'agit de lésions tout à fait internes, il est certain qu'ils deviennent insuffisants, et nous sommes heureux de voir cette opinion, dès longtemps acquise, affirmée par un de nos spécialistes les plus éminents, M. le Dr Sée.

Après l'échec de la méthode récemment proposée par le Dr Koch, le savant professeur n'a pas voulu conclure, comme tant d'autres, à l'impossibilité absolue d'agir directement sur le microbe même de la Phthisie. Il a cherché à atteindre ce but par un principe tout différent : l'intervention d'une atmosphère artificielle; et il n'a pas tardé à faire connaître à l'Académie les résultats particulièrement favorables de ses travaux.

« L'idée qui m'a conduit, dit M. Germain Sée, à employer les atmosphères artificielles, à la place des inhalations médicamenteuses, repose sur ce fait, aujourd'hui démontré, que les substances inhalées ne pénètrent jamais plus loin que le larynx. Elles n'atteignent donc pas les bronches, qui sont le véritable siège de la Tuberculose broncho-pulmonaire.

« Parmi les substances inhalées, il n'y a que les gaz proprement dits, qui puissent atteindre les dernières ramifications bronchiques. Il faut donc faire pénétrer dans les poumons les substances susceptibles de se volatiliser ; afin de mettre en contact les principes respirés et les tissus broncho-pulmonaires. Or, pour atteindre ce but, il n'existe qu'un moyen : créer des atmosphères permanentes où le malade respire une grande partie de la journée. »

La méthode préconisée par M. Germain Sée consiste donc à enfermer le malade dans une chambre hermétiquement close, où l'on fait pénétrer lentement de l'air, chargé de Créosote et d'Essence d'Eucalyptus.

On comprend combien ce mode de traitement doit être supérieur à tous les procédés plus ou moins empiriques, qui ont été expérimentés récemment, sur des présomptions non justifiées ; mais il est permis de se demander s'il ne présenterait pas quelques difficultés, dans son application généralisée.

En admettant que l'on puisse introduire journellement dix ou douze malades dans une chambre, combien de chambres à air comprimé ne faudrait-il pas faire fonctionner, pour traiter tous les Phthisiques, Hémoptysiques, Scrofulo-tuberculeux, etc., qui bientôt ne manqueraient pas de revendiquer le même droit gratuit à la guérison ?

Comment, en outre, astreindre tous ces malades, à venir régulièrement, — quels que soient leur état, leurs occupations, les distances à parcourir, l'inclémence de l'atmosphère, — s'enfermer une grande partie du jour, pendant toute la durée de leur traitement ?

Or, ces difficultés, qui paraissent insurmontables, peuvent être aisément supprimées, si au lieu de traiter les malades à poste fixe, on leur donne toute facilité de produire eux-mêmes, sans aucun frais ni préparatif, en tout lieu et à tout instant, cette même atmosphère artificielle, en se servant du petit instrument que nous reproduisons ci-après, dans sa grandeur vraie.

Cet appareil est un simple petit étui, qui renferme une éponge imprégnée d'un médicament volatil, susceptible de varier au gré du Médecin. Il est formé de deux tubes de même longueur, qui s'emboîtent à frottement et dont les deux extrémités fermées, — c'est-à-dire la partie en forme d'embouchure, A, du tube extérieur; et la partie B du tube intérieur; ainsi que leur partie circulaire C, — sont percées de trous qui se correspondent.

En déplaçant légèrement les deux pièces par rotation, sans ouvrir l'étui, on peut donc masquer ou démasquer simultanément toutes les ouvertures, suivant que l'on veut conserver le médicament comme dans un flacon, ou bien aspirer, à travers l'éponge, l'air ambiant saturé du produit médicamenteux.

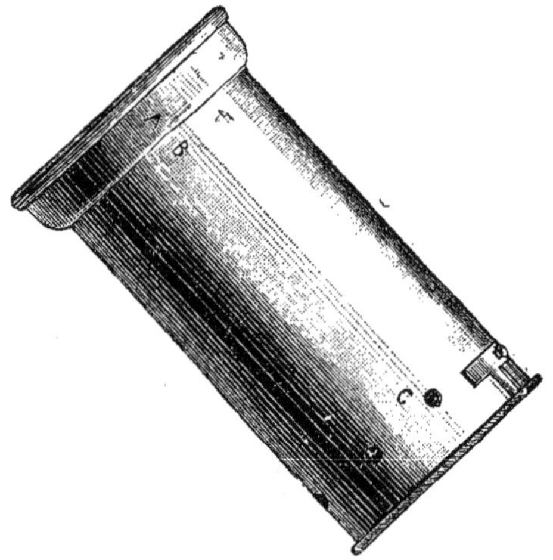

Tous les Pulvérisateurs et Inhalateurs, employés actuellement, ont le grave défaut d'obliger le malade à subordonner ses occupations à son traitement, en lui imposant le devoir de revenir à heures fixes à son domicile, pour s'administrer à grands frais de trop rares inhalations, que leur peu d'efficacité rend fastidieuses, et finalement fait abandonner.

Il ne pourrait en être de même avec l'Inhalateur que nous proposons. Quelques grammes du produit volatil saturent l'éponge pour bien des jours, et comme il est léger et d'un petit volume, rien ne peut dispenser le malade de l'emporter et de s'en servir en tout lieu, dans son lit, à l'église, au théâtre, à la Bourse, dans la rue ou dans le bureau, voire même durant ses visites, sans qu'il lui soit pour cela nécessaire de s'isoler. Il n'aura qu'à l'appliquer sur ses lèvres, en le dissimulant dans la main, pour se procurer instantanément, par simple aspiration, des inhalations aussi fréquentes, aussi variées et aussi profondes qu'on le désire.

Dans la Phthisie, l'emploi continu des Inhalations — dont le principal objectif, à nos yeux, est d'empêcher la dégénérescence des Tubercules, sans préjudice de leur action très active sur le ferment — peut toujours être secondé par l'administration, entre les repas, d'une Liqueur balsamique Créosotée, autrement dit d'une émulsion étendue d'Eau de Laurier-Cerise et de Baume de Tolu, contenant un à deux millièmes au plus de Créosote de Hêtre, qui aura surtout pour effet, outre son action sédative très prononcée, de rendre la matière protéique des aliments presque inattaquable par le ferment.

Nous ne prétendons pas, dans ce dernier chapitre, édicter de nouvelles règles thérapeutiques, ni moins encore ériger, à notre profit, en corps de doctrine une méthode curative déjà connue. Nous ne faisons qu'interpréter, par l'exposé succinct d'un système de traitement, cette conclusion logique de notre étude : que, en dehors de l'emploi rationnel des antiseptiques et des préparations phosphatées dont nous allons parler, il n'est nullement besoin de la découverte d'un *Spécifique,* pour guérir un malade atteint de la Phthisie; surtout si ce malade peut être astreint à un régime ré-nutritif, à la vie au grand air et à toutes les règles de l'Hygiène.

Le régime et l'hygiène du Poitrinaire se résument évidemment dans l'emploi de tous les moyens susceptibles de diminuer la tendance à l'état congestif des organes respiratoires, et d'élever promptement la constitution au-dessus de l'état de réceptivité.

Il convient donc, selon nous :

Que le malade s'abstienne, en principe, des liqueurs trop alcooliques ou trop sucrées, et plus encore de Café noir, qui, en suractivant les comburations, exaltent les phénomènes nerveux et précipitent le jeu des poumons, par l'effet d'une exhalation plus accentuée d'Acide carbonique.

Qu'il n'emploie, comme Apéritif et Réconfortant, que le Tonique par excellence, le Vin de Quinquina; non pas la banale préparation au Quinquina gris, qui n'agit en réalité que par son Tanin, mais un Vin beaucoup plus actif et apte à exercer une action marquée sur la fièvre hectique, par les principes antifébriles des trois Ecorces réunies (*Q. Loxa, Calissaya* et *Royal*), traitées et épuisées suivant l'excellente méthode de la pharmacopée des Etats-Unis, qui paraît être déjà employée, chez nous, pour la préparation du Quina-Laroche.

Qu'il s'abstienne, autant qu'il le peut, de discourir et de trop parler; qu'il évite l'air confiné et les promenades nocturnes; et qu'il recherche au contraire la lumière solaire, en se livrant modérément à tout exercice au grand air, compatible avec son état.

Qu'il mette beaucoup de sel dans ses aliments; boive du lait bouilli; et veille avec grand soin, s'il doit faire usage de viande crue, à ce qu'elle soit tamisée et réduite en pulpe, afin de n'avoir pas à appréhender la désastreuse complication, qui pourrait être provoquée par le Tænia.

S'il lui répugne trop d'avaler des **Escargots crus**, — dont il devrait, chaque jour, prendre une douzaine, — qu'il se nourrisse du moins, le plus qu'il pourra, d'**Œufs frais**, simplement réchauffés pendant une minute dans l'eau bouillante. Car personne n'ignore que l'œuf, dont l'albumine n'a pas été coagulée par la caléfaction, est l'aliment le plus assimilable et le plus complet; puisqu'il fournit à l'embryon fécondé son équivalent intégral de matériaux phosphatés et de principes histogéniques.

Qu'il ramène très promptement toute sudation locale arrêtée momentanément; car on ne saurait croire combien un brusque arrêt de transpiration, particulièrement de la transpiration habituelle des pieds, peut se retrouver fréquemment dans les antécédents de la maladie. On rappellera cette dernière transpiration, en mettant tous les matins, dans chaque chaussure (et non pas dans les bas), une cuillerée de poudre sudorigène, formée de deux parties de farine de Moutarde et d'une partie de Chlorhydrate d'Ammoniaque pulvérisé.

Enfin, et plus que tout, qu'il se garde de l'inoccupation, de la nonchalance, de la tristesse, du détachement de ce qui l'entoure. Et s'il a conscience de son état, qu'il ne perde pas un instant de vue que sa maladie n'est ordinairement que la conséquence momentanée d'un état de misère physiologique; qu'elle est susceptible, plus que toute autre, d'être influencée par l'état moral; et qu'il suffit, le plus souvent, d'aider un peu la nature pour la guérir.

On conçoit que nous ne pouvons pas exposer ici les multiples détails d'un programme à suivre; programme qui doit varier, nécessairement, suivant la gravité des cas, les habitudes prises, les conditions de milieu et les occupations du sujet atteint. La médecine des symptômes joue, du reste, un trop grand rôle chez les Phthisiques, pour que ceux-ci puissent se passer de la surveillance constante du Médecin ; lequel n'a à écouter que les inspirations de son libre arbitre.

Mais si nous n'avons pas qualité pour dicter le régime à suivre ou aborder des questions de Pathologie, du moins nous sera-t-il permis, comme ancien Pharmacien et comme Chimiste, d'exposer nos idées sur le caractère chimique et thérapeutique du traitement ; autrement dit de préciser l'emploi et la préparation des produits, qui nous semblent logiquement imposés par l'étude de la Chimie et par l'expérience professionnelle ; puisque, en définitive, c'est l'efficacité plus ou moins grande de ces produits, qui doit nécessairement affirmer ou infirmer la valeur de notre travail.

Nous avons reconnu, d'après toutes les recherches histologiques, que la Phthisie des poumons, si cruellement répandue dans l'espèce humaine, n'est bien souvent qu'une affection occulte et momentanée, qui s'accompagne parfois de crachement de sang ou revêt simplement l'apparence d'une Bronchite, et qui se guérit ensuite spontanément, sans que le malade l'ait soupçonnée. On peut donc affirmer, sans aucun paradoxe, qu'elle n'est véritablement dangereuse que dans deux cas :

1° Lorsque, — dans la Phthisie dite *Galopante*, — le parenchyme est rapidement envahi par un nombre considérable de nodules gélatineux, qui paralysent de plus en plus le libre exercice de l'hématose. Auquel cas, il n'est régime ni traitement capable d'arrêter cet envahissement.

2° Lorsque la constitution affaiblie, et trop peu minéralisée, ne peut pas réagir contre le ferment, ni fournir les éléments fossilisateurs qui doivent empêcher la dégénérescence des tubercules. Car, il en est des êtres humains comme de tous les êtres organisés, qui se laissent fatalement envahir par d'autres organismes parasitaires, toutes les fois que la force vitale qui les anime ne peut pas réagir, avec une suffisante énergie, contre les causes de destruction, qui se manifestent de toute part.

Combien de jeunes gens, en effet, qui « s'en vont de langueur », qui « ne se forment pas », en un mot qui succombent fatalement aux influences phymatogènes, pendant cette période critique de la nubilité, où le sang s'appauvrit en Fer et en matériaux Phosphatés, par l'effet de la suractivité de la réaction, qui préside, ainsi que nous l'avons vu, à l'assimilation des phosphates physiologiques !

Il est certain que c'est toujours en vertu d'une dyscrasie, d'une prédisposition individuelle, héréditaire ou acquise, inhérente ou momentanée, que tel genre de Ferment peut se développer dans l'économie. Mais il n'est pas douteux, non plus, que, nonobstant toute dyscrasie ou prédisposition, l'état réfractaire peut s'acquérir et se conserver, dans le plus grand nombre des cas, soit par vaccination, soit par un régime.

Le tout est de savoir dans quelles conditions la vaccination peut être employée; et si, dans la Phthisie des poumons, c'est à la découverte d'un vaccin spécial, plutôt qu'à celle d'un régime particulier, que la science doit demander la préservation et la guérison.

Le principe de la vaccination repose évidemment sur ce fait chimique, que « *tout liquide, qui a subi une certaine fermentation, se trouve dépouillé d'une certaine matière fermentescible, sans laquelle il ne peut subir de nouveau cette même fermentation* ».

Toute vaccination, qui modifie ou détruit, dans les humeurs en circulation, les principes indispensables au développement d'un certain ferment, doit donc être considérée, à bon droit, comme le plus puissant moyen de prophylaxie contre ce ferment. Mais, pour qu'elle soit réellement utilisable dans la pratique, il importe, par cela même, que l'organisme parasitaire à annihiler emprunte les éléments de sa nutrition à des principes physiologiques très secondaires, dont la disparition plus ou moins prolongée ne puisse provoquer aucune perturbation dans l'économie.

Et c'est précisément cette condition, qui nous oblige à douter beaucoup, quelle que soit la valeur des expériences qui se poursuivent, que les vaccinations et les injections, les *Lymphes* les plus savantes, les *Tuberculines* les plus vantées, puissent jamais agir spécifiquement contre la Phthisie, dont le ferment ne saurait être exproprié, comme celui de la Variole, de son unique terrain de prolification ; puisque ce terrain, malheureusement, n'est autre que le principe fondamental de l'organisation, — *la matière fibrinogène !*

Jusqu'à preuve contraire, nous devons donc continuer à penser, que le plus sûr moyen de guérir la Phthisie et de la prévenir, est d'amener promptement, par la nutrition, c'est-à-dire par le régime, la constitution au-dessus de l'état de réceptivité ; en la saturant d'éléments aseptiques et minéraux, susceptibles de s'opposer à la prolification du ferment et de fossiliser les dépôts formés.

Par l'adoption du petit instrument que nous avons décrit, et dont l'usage journalier sera facilement accepté par tous les malades, le Médecin peut désormais retirer de l'Antiseptie, par inhalations, tous les services que des observations isolées lui avaient permis d'entrevoir, sans pouvoir pleinement les réaliser.

Il lui sera ainsi facile de faire agir, en les variant à son gré, les atmosphères artificielles les plus diverses; et sans prétendre fixer son choix, nous pouvons déjà signaler à son attention la très grande efficacité d'une solution, composée de 2 grammes de Créosote de Hêtre, 1 gramme de Thymol, 1 gramme d'Essence d'Eucalyptus et 1 gramme d'Iodoforme, dilués dans 30 grammes d'Ether sulfurique pur. Une cuillerée à café de cette solution suffit pour imprégner toutes les parties de l'éponge de l'appareil, qui peut être mis en fonctionnement, aussitôt que, par une exposition préalable à l'air, tout le véhicule éthéré s'est évaporé.

Quant au traitement reconstituant et fossilisateur, il se résume essentiellement dans l'emploi journalier, aux heures des repas, des deux préparations phosphatées que nous avons signalées déjà et que tout Chimiste expérimenté peut, avec quelques appareils spéciaux, préparer lui-même. Ce sont :

1° Les **Protéo-Phosphates physiologiques**; autrement dit une Poudre dosimétrique, constituée par les trois Phosphates de **Chaux**, de **Potasse** et de **Magnésie**, intimement *combinés* (et non pas mélangés) avec la matière azotée.

2° Les mêmes Phosphates artificiellement digérés, c'est-à-dire chimiquement transformés en **Sesqui-Phosphates**, et présentés sous forme d'une Solution au vingtième, dans laquelle doit se trouver et se maintenir sans altération le Sel Ferrugineux, qui seul peut régénérer, par sa réaction intra-vasculaire, les **Phosphates tribasiques** de **Chaux** et de **Magnésie**, *au contact de l'Oxygène introduit par la Respiration.*

Nous avons fait observer déjà que, dans le but d'éviter que la réaction ci-dessus s'accomplisse aux dépens des Globules rouges, **il** est indispensable que les Sesqui-Phosphates terreux soient associés à un Sel de **Fer**, susceptible de réagir, dans l'intérieur des poumons, sous la seule influence de l'Oxygène fourni par l'air.

Cette condition très essentielle se trouvera remplie par le praticien, si la préparation est faite de façon que l'action chimique du Fer reste indéfiniment suspendue dans la solution, en flacons bouchés; mais se manifeste spontanément à la surface du liquide exposé à l'air.

On a pu remarquer, dans le cours de notre travail, avec quelle ingéniosité merveilleuse la nature prépare nos matériaux d'organisation. Toutes les substances qui ont un rôle chimique à remplir dans la nutrition, sont très évidemment élaborées, dans le canal digestif, en vue d'une dernière réaction assimilatrice, qui exige impérieusement le concours de l'Oxygène introduit dans la circulation.

Jusqu'au moment de cette intervention, tous les principes élaborés restent indifférents et, en quelque sorte, dans un état d'équilibre instable; et c'est pourquoi nous insistons vivement sur ce point: qu'il faut, pour réussir, que la Solution des Sesqui-Phosphates soit préparée de façon que leur transformation en Phosphates physiologiques *s'effectue d'elle-même au contact de l'air*.

Ce qui veut dire que toute Solution qui, exposée à l'air ou mélangée à l'eau aérée, ne serait pas troublée, après une heure au plus, par la formation spontanée d'un léger dépôt de Phosphates terreux et de Phosphate Ferrique, devra être considérée comme insuffisante et ne présentant pas les garanties voulues d'efficacité.

Cette particularité est assez caractéristique pour fixer l'attention du Malade et du Médecin, et les tenir en garde contre toute préparation mal conçue, qui pourrait, par ses résultats négatifs, infirmer la valeur de notre théorie.

Comme il est de prudence vulgaire, lorsqu'on traite des sujets hyposthénisés, de mesurer, au début, l'enrichissement du fluide sanguin à la force de résistance des capillaires, on devra toujours commencer par ne donner cette Solution, particulièrement active, qu'à la dose d'une cuillerée à soupe par jour, dans un demi-verre d'eau ou de vin, au principal repas. Ce n'est que par entraînement, et sur l'indication de son Médecin, que le Malade pourra en prendre deux fois par jour; soit une cuillerée à soupe à chaque repas.

C'est pour le même motif que nous considérons comme très utile que l'usage des Sesqui-Phosphates ferrugineux soit toujours précédé, durant quelques jours, et ensuite accompagné régulièrement de l'emploi des Protéo-Phosphates pulvérulents, à la dose de 50 centigrammes à un gramme environ, par jour, dans les aliments.

Dans la Phthisie des poumons, comme dans toute autre affection dégénérative, il est du reste formellement indiqué de suspendre l'emploi de cette solution, aussi longtemps que le Malade est atteint d'une congestion, de crachement de sang ou d'une forme quelconque d'Hémorrhagie.

Dans ces cas, il est de règle absolue de n'avoir recours qu'à la Poudre de Protéo-Phosphates, jusqu'à complète disparition de l'émission sanguine ou de la congestion; disparition qui, d'ailleurs, se produit d'elle-même au bout de quelques jours.

Nous avons fait remarquer déjà (p. 92) que la même exclusion s'impose dans tous les cas où il s'agit de fortifier les tissus sans suractiver la circulation; soit qu'il y ait congestion ou menace de congestion, dans l'appareil pulmonaire ou dans d'autres organes; soit que la constitution du sujet, trop faible encore ou trop ébranlée, ne puisse supporter immédiatement un agent trop actif de rénutrition.

Tel est, résumé dans ses grandes lignes, le double traitement Aseptique et Reconstituant, — *le seul*, dirions-nous volontiers, *qui repose actuellement sur l'analyse des faits connus et sur la saine logique de la science*, — que nous souhaitons très sincèrement, et non sans de sérieux motifs, de voir expérimenté contre la Phthisie.

Pourtant, s'il est des Médecins qui, après la lecture de ce travail, aiment mieux s'en tenir aux anciens errements, condamnés par l'expérience;

S'il en est qui, par lassitude ou par scepticisme, se refusent à essayer de nouveaux moyens, et préfèrent puiser, indéfiniment, dans le même arsenal impuissant des *Arsenicaux*, des *Iodiques*, des *Phosphates dénaturés*, du *Bi-Phosphate de Chaux*, du *Phosphate de Soude* et des *Hypophosphites;*

Nous nous inclinerons, sans trop nous étonner; sachant, par expérience professionnelle, combien la permanence des insuccès, les déceptions sans cesse renouvelées peuvent justifier cette décision.

« Pour le traitement de la Tuberculose chirurgicale, disait récemment le docteur Péan, nous sommes suffisamment armés; c'est la Tuberculose médicale qui nous embarrasse.

« Mais il ne faut pas désespérer; nous devons compter beaucoup sur les physiologistes; car c'est à eux surtout qu'il appartient de nous apporter le remède, qui nous délivrera de ce terrible fléau : la Phthisie des poumons. »

En essayant aujourd'hui de répondre, dans la très faible mesure de nos moyens, à l'appel du savant Docteur, nous n'avons pas l'illusion de croire que nous apportons à l'art de guérir ce remède spécifique de la Phthisie.

Nous disons simplement que, parmi les nombreux traitements, dont nous avons pu suivre l'application, dans notre sphère professionnelle, celui que nous venons d'exposer est certainement le plus efficace et le plus actif; et nous l'avons suffisamment expérimenté, pendant plus de dix années de recherches silencieuses, pour être convaincu que, s'il en est fait usage en temps opportun, ce traitement suffira, dans la grande majorité des cas, à déterminer la fossilisation complète du Tubercule et la disparition de la maladie. Sous réserve, bien entendu, que le sujet s'y soumettra scrupuleusement, qu'il voudra s'entourer de toutes les précautions que son état impose, et qu'il ne renoncera à son traitement que sur l'autorisation formelle du Médecin.

Paris. — Imp. A. Lanier et ses Fils, 14, rue Séguier.

www.ingramcontent.com/pod-product-compliance
Lightning Source LLC
LaVergne TN
LVHW050056060726

842524LV00003B/802